MODERN STRATEGY AND WISDOM IN THE SUN TZU'S ART OF WAR

# 孫子淺說

## 蔣百里談《孫子兵法》的現代策略與智慧

從不同角度解讀軍事策略，
使讀者更易理解原始文獻！
蔣百里對古典軍事文獻《孫子兵法》的現代詮釋——

蔣百里——著

# 目錄


孫子淺說 …… 005
計篇第一　論軍政與主德之關係 …… 007
作戰篇第二　論軍政與財政之關係 …… 015
謀攻篇第三　論軍政與外交之關係 …… 021
形篇第四　論軍政與內政之關係 …… 029
勢篇第五　論奇正之妙用 …… 035
虛實篇第六　論虛實之至理 …… 041
軍爭篇第七　論普通戰爭之方略 …… 049

# 目錄

九變篇第八　論臨機應變之方略……057
行軍篇第九　論行軍之計劃……063
地形篇第十　論戰鬥開始之計劃……073
九地篇第十一　論戰鬥得勝深入敵境之計劃……081
火攻篇第十二　論火攻之計劃……099
用間篇第十三　論妙算之作用……105

# 孫子淺說

統讀十三篇，以主德始，以妙算終，此孫子之微言大義也。其每篇標題之字，亦不過如「學而」、「雍也」之類，勿庸刻舟求劍。他本《計篇》、《形篇》、《勢篇》有作《始計篇》、《軍形篇》、《軍勢篇》者，殊未當也。《勢篇》之首以奇正虛實對舉，而下文專論奇正，頗似制藝中上全下偏體裁。若欲與《虛實篇》對待標題，則即題為「奇正篇」亦可也。然古人絕不如此板滯，亦「學而」、「雍也」之意而已。世儒見「九變」、「九地」兩「九」字對舉，遂指「九變」為九地之變。膠柱鼓瑟，滯礙甚多，均辭而辟之矣。

# 計篇第一

## 論軍政與主德之關係

管子曰：「計先定於內，而後兵出於境。」故用兵之道，以計為首也。

此一篇論治兵之道在於妙算，而以「主孰有道」一句為全篇之要旨。蓋主有道，則能用正道亦能用詭道，無往而不勝矣，所以篇末即專重於妙算也。宜分為四節讀之。自首至「不可不察」為第一節，總論兵為國之大事，死生存亡所關，不可不察。自「故經之以五校之計」至「必敗，去之」為第二節，論治兵之正道。自「計利以聽」至「不可先傳也」為第三節，論用兵之詭道。自「夫未戰」至末為第四節，總論勝負之故，仍以妙算為主，唯有道之主而後妙算勝也。

孫子曰：兵者，國之大事，死生之地，存亡之道，不可不察也。

右第一節總論兵為國之大事，國之存亡、人之生死皆由於兵，故須審察也。

故經之以五校之計而索其情：一曰道，二曰天，三曰地，四曰將，五曰法。道者，令民與上同意也，故可與之死，可與之生，而民不畏危。天者，陰陽、寒暑、時制也。地者，遠近、險易、廣狹、死生也。將者，智、信、仁、勇、嚴也。法者，曲制、官道、主用也。凡此五者，將莫不聞，知之者勝，不知者不勝。故校之以計而索其情，曰：主孰有道？將孰有能？天地孰得？法令孰行？兵眾孰強？士卒孰練？賞罰孰明？吾以此知勝負矣。將聽吾計，用之必勝，留之；將不聽吾計，用之必敗，去之。

右第二節皆論治兵之正道也。五校之計，以道為最要。道，即仁義之謂也。故得其道，則民可與共生死而不畏危，道之時義大矣哉。天為陰陽、寒暑、時制也者。陰陽者，相其陰陽，以為駐軍之預備，《行軍篇》所謂「貴陽賤陰」、《地形篇》所謂「先處高陽」之類是也。寒暑者，審量寒暑，以為行軍作戰之預備。將欲北征，必籌防寒之具，將欲南征，必籌防暑之具，或冬夏興師之時，則防寒防暑之具尤為緊要是也。時制者，因時制宜以籌兵器、堡壘之進步改良也。上古為白刃時代，中古為火攻時代，近古為槍炮時代，皆因時定製也。此三者皆關乎天之方向、天之氣候、天之運會，故曰天也。地為遠近、險易、廣狹、死生者，即第十篇「地形」是也，所謂「用兵者貴先知地形也」。將為智、信、仁、勇、嚴者。能機權、識變通之謂「智」，刑賞不惑之謂「信」，愛人憫物之謂「仁」，決勝乘勢之謂「勇」，威刑肅三軍之謂「嚴」；此五德者，為將者所宜備也。法為曲制、官道、主用者。曲製為部曲之制，若今之軍制司所掌者是也。官道者，任官分職之道，若今之軍衡司所掌者是也；主用者，掌軍之費用，若今之軍需司所掌者是也。凡此五者，皆為將之要道，故為將者「知之則勝，不知則不勝也」。「校之以計」者，謂當盡知五事、待七計，以盡其情也。「主孰有道」，即五校之道也；「將孰有能」，即五校之將也；「天地孰得」，即五校之天與地也；「法令孰行」、「兵眾孰強」、「士卒孰練」、「賞罰孰明」者，即五校之法也；此七者乃五校之綱目也。將聽吾計必勝者，吾即主也，主與將同心合德，則未有不勝者矣。然必有道之主乃能將將，吾故曰「主孰有道」為此篇之要旨也。此以上皆言治兵之正道也。

計利以聽，乃為之勢，以佐其外。勢者，因利而制權也。兵者，詭道也。故能而示之不能，用而示之不用，近而示之遠，遠而示之近。利而誘之，亂而取之，實而備之，強而避之，怒而撓之，卑而驕之，佚而勞之，親而離之。攻其無備，出其不意。此兵家之勝，不可先傳也。

右第三節皆論用兵之詭道也。「計利以聽，乃為之勢，以佐其外」者，計利既定，則當乘形勢之便以運用於常法之外也。勢者，因利而制權也者，因利行權以制之也。兵者，詭道也者，兵不厭詐之謂也。「能而示之不能」者，強而示之以弱也。「用而示之不用」者，外示之以怯也。「近而示之遠，遠而示之近」者，令敵失備也。「利而誘之」者，彼貪利則以貨誘之也。「亂而取之」者，詐為紛亂，誘而取之也。「實而備之」者，敵治實須備之也。「強而避之」者，避其所長也。「怒而撓之」者，敵持重，則激怒以撓之也。「卑而驕之」者，示以卑弱，以驕其心也。「佚而勞之」者，多奇兵以罷勞之也。「親而離之」者，以間離之也。「攻其無備，出其不意」者，擊其懈怠，襲其空虛也。「此兵家之勝，不可先傳也」者，臨敵應變制宜，不可須言者也。此以上皆言用兵之詭道也。總而言之，正道詭道皆以廟算為主，故下文即申明廟算以總結之。

夫未戰而廟算勝者，得算多也；未戰而廟算不勝者，得算少也。多算勝，少算不勝，而況於無算乎！吾以此觀之，勝負見矣。

右第四節本上文「道」字及「主孰有道」以立言，故推本於妙算也。妙算者，即主之道也。五校七事十二詭道，皆妙算也。籌策深遠，則其計所得者多；謀慮淺近，則其計所得者少。故曰多算少算，不必泥乎數目之多少也。然妙算之多少，仍為有道之主言之。若無道，別無算矣。故曰全篇要旨，在乎「主孰有道」也。此「主」字，因時代不同，其解釋亦不能不為之詳說，以堅軍人信仰拱衛之心，而奠國家長治久安之計。曠觀中國五千年歷史，所謂「主」者，專屬之皇帝，無論其傳賢也、傳子也、官天下也、家天下也，亦無論其自稱之如何，皇王后辟可也、甲乙丙丁亦可也，但使其尊無二上、遂群以皇帝目之，此中國歷史之舊觀念也。橫覽外國五大洲國體，則所謂「主」者，確有二義：傳子之家天下，則謂之皇帝；傳賢之官天下，則謂之大總統。其實皆尊無二上之代名詞，有總攬全國主權、土地、人民之全權，而毫不受外國之干涉、牽制、侵奪、保護者。則無論其為皇帝、為大總統，均為全國之主。此地球各國之新解釋也。在孫子當日，對吳王闔閭立言，則此「主」字，不過狹義而已。然兵學為立國之要素，而孫子之精義，古今中外，鹹不能出其範圍，則其所謂「主」之廣義，即尊無二上之皇帝及大總統也。是故人民對於主，有當兵之義務，有納稅之義務，有神聖不可侵犯之義務，而主之對於人民，當以有道為標準。此天下古今萬國之通義也。

# 作戰篇第二

## 論軍政與財政之關係

王晳曰：「計以知勝，然後興戰，而具軍費，猶不可以外也。」

此一篇論軍政與財政之關係。凡作戰之道，宜速不宜久，故以「久」字為全篇之眼目，治軍者所當深戒也。宜分四節讀之。自篇首至「其用戰也勝」為第一節，論軍之編制及餉需也。自「久則鈍兵挫銳」至「十去其六」為第二節，論軍久則財匱也。自「故智將」至「益強」為第三節，論軍勝則可以得敵之財，而節省己之財也。末則大書特書曰「兵貴勝，不貴久」，民命所關、國家安危之所繫也。故曰此一篇論軍政與財政之密切關係，不可不慎也。

孫子曰：凡用兵之法，馳車千駟，革車千乘，帶甲十萬，千里饋糧，則內外之費、賓客之用、膠漆之材、車甲之奉，日費千金，然後十萬之師舉矣。其用戰也勝。（此句諸家聚訟紛如，《御覽》作「其用戰也，久則鈍兵挫銳」，無勝字，而以久字屬下。然去一「勝」字，殊覺未安，諸家皆作「勝久」，亦覺費解，茅元儀作「其用戰也勝」為句，以足上文之意，較為穩妥，故從之。）

右第一節論軍之編制及餉需也。古者十萬之師，其編製為馳車千、革車千。

馳車，輕車也，即攻車也。每車一乘，前拒一隊，左右角二隊，共七十五人。千乘，則七萬五千人矣。革車，重車也，即守車也。每車一乘，炊子十人，守裝五人，廄養五人，樵汲五人，共二十五人。千乘，則二萬五千人矣。乘，駟馬也。千乘即千駟也，共馬八千匹也。此一軍之編制也。「千里饋糧」者，即今之兵站部是也。「內外之費」者，軍出於外，則帑藏竭於內也。「賓客之用」者，李太尉曰：「三軍之門，必有賓居論議也。」「膠漆之材，車甲之奉」者，舉其細者大者約言之也。「日費千金」者，概算也，此一軍之餉需也。以上言十萬之師，一日之費如此，則多一日，即竭一日之財，可見師老則財必匱也。「其用戰也勝」者，謂十萬之師用之於戰，有可勝之道也。以上論軍之編制，及餉需之大概情形也。

久則鈍兵挫銳，攻城則力屈，久暴師則國用不足。夫鈍兵挫銳，屈力殫貨，則諸侯乘其弊而起，雖有智者，不能善其後矣。故兵聞拙速，未睹巧之久也。夫兵久而國利者，未之有也。故不盡知用兵之害者，則不能盡知用兵之利也。善用兵者，役不再籍，糧不三載，取用於國，因糧於敵，故軍食可足也。國之貧於師者遠輸，遠輸則百姓貧；近於師者貴賣，貴賣則百姓財竭，財竭則急於丘役。力屈財殫，中原內虛於家。百姓之費，十去其七；公家之費，破車罷馬，甲冑矢弩，戟楯蔽櫓，丘牛大車，十去其六。

右第二節極論軍久則財匱也。「久則鈍兵挫銳，攻城則力屈，久暴師則國用不足」者，力言久戰之足以亡國。以下遂重言反覆以申明之，無非以兵久則財匱，財匱於上，則民怨於下，敵國乘其危殆而起，雖伊呂復生，不能救此敗亡也。故用兵之道，以拙速為主，巧則必不能久，故曰未睹也。拙者，並氣積力，加以謀慮，一舉而滅之，使敵人失其戰鬥力，非拙笨之謂也。巧者，詭道之類，可以用於一時，絕不可以持久，久則恐生後患也。總而言之，用兵久則非國之利，故曰「兵久而國利者，未之有也」，故用兵者當先知用兵之害，不知其害則不知其利也。用兵之害，即老師殫貨之謂也。用兵之利，即擒敵制勝之謂也。必先去其害，而後可言利也。「役不再籍」者，一戰而者，不再發兵也。「糧不三載」者，往則載焉，歸則迎之，不三載也。不困乎兵，不竭乎國，此即所謂速而利也。「取用於國」者，兵甲戰具取用於國中也。「因糧於敵」者，入敵國則資敵之糧也。此以上言善用兵者之效也。「遠輸則百姓貧」者，遠輸則農夫耕牛俱失南畝，故百姓貧也。「貴賣則百姓財竭」者，師徒所聚，百物暴貴，人貪非常之利，則竭財力以賣之。初雖獲利，終必力疲貨竭也。「財竭則急於丘役」者，使丘出甸賦，違常制也。丘，十六井也；甸，六十四井也。丘出甸賦，則是以丘而擔負一甸之役也。「中原內虛」、「百姓之費，十去其七」者，民不聊生之謂也。此以上言民之困也。「破車」者，以久戰而破也。「罷馬」者，以久戰而疲也。甲冑矢弩、戟楯蔽櫓、大牛大車，以久戰而十去其六也。此以上言公家之困也。總而言之，軍久則財匱也。

故智將務食於敵。食敵一鐘，當吾二十鐘；其稈一石，當吾二十石。故殺敵者，怒也；取敵之利者，貨也。故車戰，得車十乘以上，賞其先得者，而更其旌旗，車則雜乘之，卒善而養之，是謂勝敵而益強。

右第三節極言勝之利也。勝則不失我之財，而可以得敵之財，且可以益我之財也。得敵之一鍾一石，皆有二十倍之利也。「殺敵者，怒也；取敵之利者，貨也」者，此二句言欲因糧於敵者，當先激吾人以怒，利吾人以貨。怒則人人自戰，以貨陷之則人自為戰，必可以破敵而得其軍實也。「得車十乘已上，賞其先得」者，獎一以勵百也。「更其旌旗」者，變敵之色令與吾同也。「車雜而乘之」者，與我車雜用也。「卒善而養之」者，撫以恩信，使為我用也。此以上言處置戰利品及俘虜之方法也。「是謂勝敵而益強」者，因敵以勝敵，何往而不強也。此又總結上文，善用兵者之效果，皆勝之利，非久之利也。

故兵貴勝，不貴久。故知兵之將，生民之司命，國家安危之主也。

右第四節極言與其久也，不如其勝也。所以重言以申明作戰之本旨，在此不在彼也。必如此而後可謂之知兵之將，可以為民之司命，可以為國家安危之主矣。故曰此一篇論軍政與財政之關係也。

# 謀攻篇第三

## 論軍政與外交之關係

王晳曰：「謀攻敵之利害，當全策以取之，不銳於伐兵攻城也。」

此一篇論軍政與外交之關係。軍政者，外交之後盾；而外交者，軍政之眼目也。以「知己知彼」四字，為全篇之歸宿。知己者，軍政也；知彼者，外交也。無軍政，不可以談外交；無外交，亦不能定軍政之標準也。全篇宜分為六節讀之。第一節自首至「善之善者也」，論謀攻之本源，軍政修自然無外患，此謀攻之根本問題也。第二節自「上兵伐謀」至「攻之災」，論謀攻之巧拙均視乎外交，外交得則軍政得，外交失則軍政失也。第三節自「善用兵者」至「大敵之擒也」，論謀攻之利害方法，悉以外交為眼目也。第四節自「夫將者」至「亂軍引勝」，論不知謀攻之要旨，則外交失敗，而諸侯之師至矣。第五節自「知勝有五」至「知勝之道」，實以外交之眼光、心力，定軍政之因革損益也。第六節大聲疾呼曰「知己知彼，百戰不殆」，以見謀攻之要旨，其本源實繫乎外交，此全篇之大旨也。

孫子曰：凡用兵之法，全國為上，破國次之；全軍為上，破軍次之；全旅為上，破旅次之；全卒為上，破卒次之；全伍為上，破伍次之。是故百戰百勝，非善之善者也；不戰而屈人之兵，善之善者也。

右第一節論謀攻之本源，當計出萬全。「全國」者，以方略氣勢令敵人以國降，上策也。「全軍」者，降其城邑，不破我軍也。五百人為旅，百人以上為卒，五人為伍。國軍卒伍，不問大小，全之則威德為優、破之則威德為劣也。百戰百勝，必多殺傷，故曰「非善」也。未戰而敵自屈服，即以計勝敵也，故曰「善」也。此以上言謀攻之本源也，軍政修則自然無外患也。

故上兵伐謀，其次伐交，其次伐兵，下政攻城。攻城之法，為不得已，修櫓轒轀，具器械，三月而後成，距堙，又三月而後已。將不勝其忿而蟻附之，殺士三分之一，而城不拔者，此攻之災。

右第二節言謀攻之巧拙，視乎外交。外交得則可以伐謀伐交，而軍政得矣；外交失則伐兵攻城，而軍政失矣，所謂「攻之災」也。「伐」有競爭之義，與《尚書》「不矜不伐」之「伐」同解。「上兵伐謀」者，勝於無形，以智謀屈人，最為上也。「其次伐交」者，交合強國，使敵不敢謀我；或先結鄰國，為犄角之勢，則我強而敵弱也。此二者，即以外交為軍事之耳目也。至於「伐兵」，則臨敵對陣矣，故又為其次。至於不得已而攻城，則頓兵堅城之下，師老卒惰、攻守殊勢、客主力倍，勝負之數尚未可知，故曰下政也。自「修櫓」至「攻之災」，極言攻城之害，非不得已不為此也。「櫓轒轀」者，飛樓雲梯之屬。「距堙」者，積土為山曰「堙」，以距敵城、觀其虛實也。「蟻附」者，使士卒緣城而上，如蟻之緣牆也。可見伐謀伐交者，外交之得手也；伐兵攻城，則無外交之可言也。

故善用兵者，屈人之兵而非戰也，拔人之城而非攻也，毀人之國而非久也。必以全爭於天下，故兵不頓而利可全，此謀攻之法也。故用兵之法，十則圍之，五則攻之，倍則分之，敵則能戰之，少則能逃之，不若則能避之。故小敵之堅，大敵之擒也。

右第三節前言全爭全利，皆外交之手腕也；後言伐兵及不得已而攻城，亦有其要道焉，否則必成擒也。「屈人之兵而非戰」者，言伐謀伐交不至於戰也。「拔人之城而非攻，毀人之國而非久」者，攻則傷財，久則生變，皆全國全軍全旅全卒全伍之謀也。「全爭於天下」者，即全國全軍全旅全卒全伍之謂。以全勝之計爭天下，是以不煩兵而收利也。此以上皆言伐謀伐交之方法，故曰謀攻之法也。自此以下，則言伐兵攻城，利害參半，終不若伐謀伐交之全利也。「十則圍之」者，彼一我十，可以圍也。「五則攻之」者，三分攻城，二分出奇以取勝也。「倍則分之」者，分為二軍，使其腹背受敵也。「敵則能戰之」者，勢力均則戰也。「少則能逃之」者，逃伏也，謂能倚固逃伏以自守也。「不若則能避之」者，引軍避之，待利而動也。「小敵之堅，大敵之擒也」者，承上文而言，不逃不避，雖堅亦擒也。自此以上，皆言伐兵攻城之利害相半也。故曰謀攻之利害方法，悉以外交為眼目也。

夫將者，國之輔也。輔周則國必強，輔隙則國必弱。故君之所以患於軍者三：不知軍之不可以進，而謂之進，不知軍之不可以退，而謂之退，是謂縻軍；不知三軍之事，而同三軍之政者，則軍士惑矣；不知三軍之權，而同三軍之任，則軍士疑矣。三軍既惑且疑，則諸侯之難至矣，是謂亂軍引勝。

右第四節論為君為將者，不知謀攻之要旨，而不以外交為軍政之眼目，一意孤行則無有不敗亡者也。將為國輔者，此「將」之廣義也。言為「將」者，不但以能統兵為天職，尤當洞明外交大勢，以輔其國。所以今之公使館皆派駐武官，專以刺探敵國之兵備、政治、國交為主。將周則強，將隙則弱，故選定駐外武官，不可不慎。（此事求之歷史，頗乏先例，唯《管子．小匡篇》使隰朋為行，曹孫權處楚，商容處宋，季勞處魯，徐開封處衛，郾上處燕，番友處晉，有似乎駐外特派員之例，然未限用武官。蓋古者文武之界未分，凡為將者，未有不敦詩說禮者也。唯秦伯之復用孟明，實因其久駐外國而利用之，頗有似乎駐外武官之義。不過當時情勢，未嘗特派耳。）「周」者，才智周備也。「隙」者，才不周也。將得其人，則為君者不可從中御，所謂「將在外君命有所不受」也。若君必從中御，則其患有三：一曰縻軍，二曰惑軍，三曰疑軍。縻軍者，進退失據，是縻絆其軍也。惑者，不知治軍之務而參其政，則軍眾惑亂也。疑者，不知權謀之道而參其任，則軍眾疑貳也。縻之於中而疑惑於外，軍政廢弛，而諸侯之師至矣。是自亂其軍而自去其勝也，尚何外交之可言哉。

故知勝有五：知可以戰與不可以戰者勝，識眾寡之用者勝，上下同欲者勝，以虞待不虞者勝，將能而君不御者勝。此五者，知勝之道也。

右第五節論謀攻之道，當以外交之眼光、心力，定軍政之因革損益也。「可以戰與不可以戰」者，即料敵之虛實也。「識眾寡之用」者，用兵之法，有以少勝眾、以多勝寡者，所謂師克在和也。「上下同欲」者，上下共同其利慾也。「以虞待不虞」者，以我有法度之師，擊彼無法度之兵也。「將能而君不御」者，閫以外，將軍制之也。此五者，皆準兩軍之得失言之也。敵知此則敵勝，我知此則我勝，是之謂「知勝之道」。故曰以外交之眼光、心力，定軍政之因革損益也。

故曰：知彼知己，百戰不殆；不知彼而知己，一勝一敗；不知彼不知己，每戰必敗。

右第六節言謀攻之要旨，全繫乎外交。所以謂外交為軍政之眼目，而軍政為外交之後盾，誠千古不刊之論也。所謂「知已知彼，百戰不殆」者，外交詳慎、軍政修明，自然百戰不殆也，所謂「審知彼己強弱之形，雖百戰實無危殆」也，即上文伐謀伐交全爭全利之謂也。「不知彼而知己，一勝一負」者，所謂守吾氣而有待，知守而不知攻也。「不知彼不知已，每戰必殆」者，是謂狂寇，不敗何待也。不知彼，即不知伐謀伐交之謂也；不知已，即不知伐兵攻城之謂也。四者俱失，則內政外交均失敗矣，烏足以言謀攻哉！

# 形篇第四

## 論軍政與內政之關係

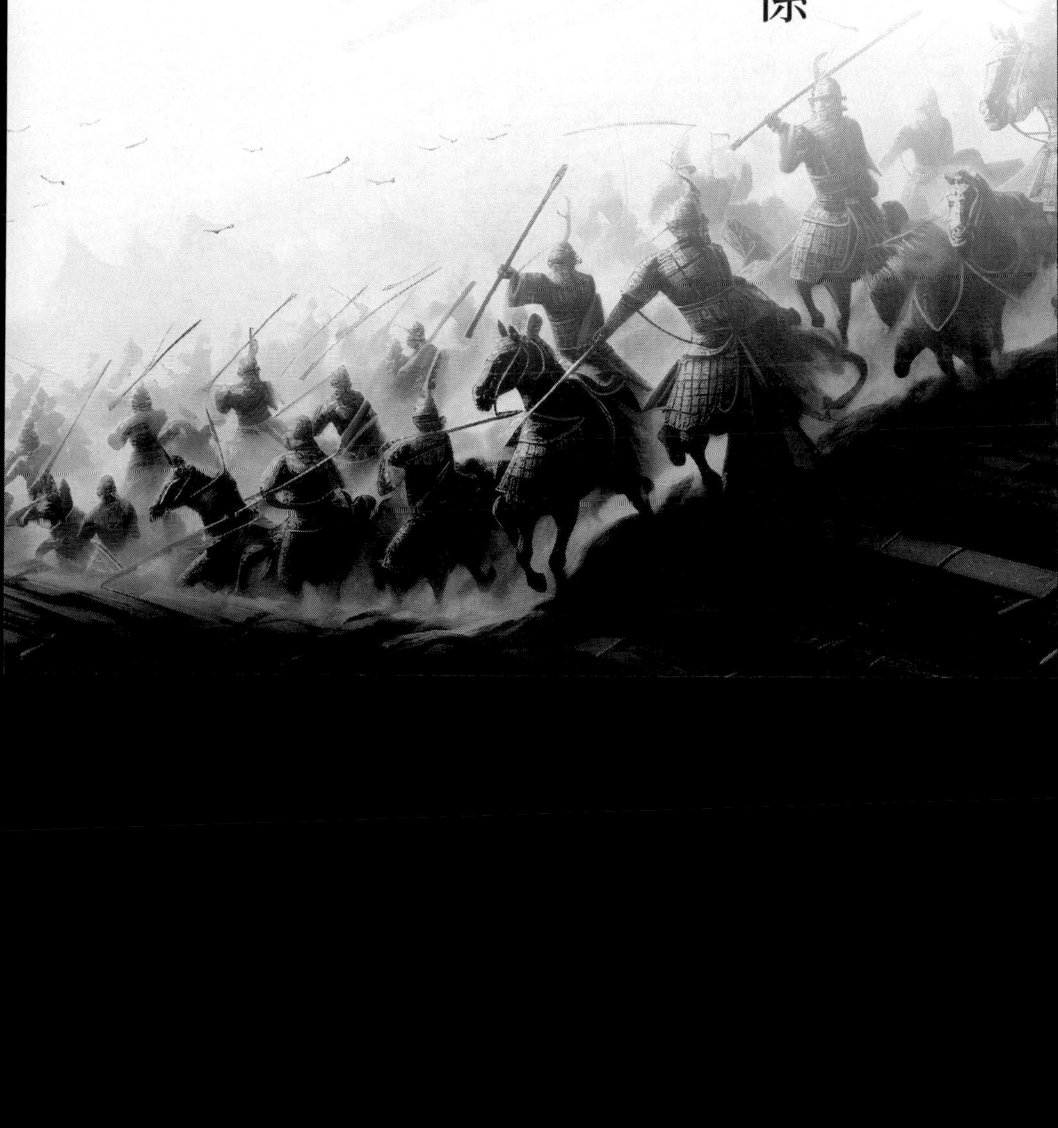

杜牧曰：「因形見情。無形者情密，有形者情疏。密則勝，疏則敗也。」

此一篇論軍政與內政之關係，以修道保法為一篇之主腦。其以「形」名篇者，有有形之軍政，有無形之軍政。有形之軍政，即兵器、戰備、營陣、要塞之類是也；無形之軍政，即道與法是也。而道與法皆內政之主體，故曰此篇為軍政與內政之關係也。宜分四節讀之。第一節自首至「不可為」，論軍政當以修道保法為不可勝之形，此所謂無形之軍政也。第二節自「不可勝者守也」至「全勝也」，論有形之軍政，無論攻守，苟能修道保法均可以全勝也。第三節自「見勝不過」至「而後求勝」，論無形之軍政，在乎勝易勝之敵，在乎勝已敗之敵也。所謂「先勝後求戰」者，此也。第四節自「善用兵者」至末，始將修道保法揭出，以見無形之軍政，全繫乎內政也。

孫子曰：昔之善戰者，先為不可勝，以待敵之可勝。不可勝在己，可勝在敵。故善戰者，能為不可勝，不能使敵必可勝。故曰：勝可知而不可為。

右第一節極言內政為軍政之根本。「先為不可勝，以待敵之可勝」，非內政修明者，絕不能有此成效。而其為之之術、待之之方，全在乎修道保法而已。「先為不可勝」者，先為敵人不可勝我之形也。「待敵之可勝」者，待敵人有可勝之形而乘之也。「不可勝在己，可勝在敵」者，不可勝者，修道保法也，故在己；可勝者，有所隙也，故在敵。「能為不可勝，不能使敵必可勝」者，修道保法在己，故能為不可勝；若敵人亦修道保法，則絕不能使敵必可勝也。「勝可知而不可為」者，有形之勝可知，無形之勝不可強為也。以上總論有形則可勝，無形則不可勝。蓋以修道保法，則內政修明，自然勝於無形矣。

不可勝者，守也；可勝者，攻也。守則不足，攻則有餘。善守者，藏於九地之下；善攻者，動於九天之上，故能自保而全勝也。

右第二節言攻守為有形之軍政，然仍必有無形之軍政，而後乃能自保而全勝也。其要仍在乎修道保法而已。「不可勝者，守也」者，未見敵人有可勝之形，己則藏形，為不勝之備以自守也。「可勝者，攻也」者，敵有可勝之形，則當出而攻之也。「守則不足，攻則有餘」者，力不足則守，力有餘則攻，非百勝不戰，非萬全不鬥也。「善守者，藏於九地之下」者，喻幽而不可知也。「善攻者，動於九天之上」者，喻來而不可備也。此言以無形之軍政，用之於攻守，若祕於地、若遼於天，令人不可測度；故以守則自保，以攻則全勝也，非修道保法之效哉？

見勝不過眾人之所知，非善之善者也；戰勝而天下曰善，非善之善者也。故舉秋毫不為多力，見日月不為明目，聞雷霆不為聰耳。古之所謂善戰者勝，勝易勝者也。故善戰者之勝也，無智名，無勇功，故其戰勝不忒。不忒者，其所措必勝，勝已敗者也。故善戰者，立於不敗之地，而不失敵之敗也。是故勝兵先勝而後求戰，敗兵先戰而後求勝。

右第三節論無形之軍政，有非眾人之所能知、非天下之所能見者，其要在於勝易勝者、勝已敗者而已。蓋未戰之先，即已有可勝之道、有可勝之法，並非既戰而後求勝也。「見勝不過眾人之所知」者，眾人之所見，破軍殺將，然後知勝也，故不得謂之善也。「戰勝而天下曰善」者，戰而後能勝，眾人稱之，故亦不得謂之善也。秋毫、日月、雷霆，皆眾人易見易聞之事，不足言也。「古之所謂善戰者勝」，謂古之所貴乎戰者，勝而已矣。而勝之中有道焉，所謂「勝易勝者」是也；有法焉，所謂「勝已敗者」是也。「勝易勝者」，以無形之道，攻敵於無形也。所謂見微察隱，破之於未形也，所以無智名無勇功、其戰不忒、所措必勝也，所謂道也。「勝已敗者」，以無形之法，敗敵於無形也。蓋察知敵人有必可敗之形，然後措兵以勝之耳，所以常立於不敗之地，而不失敵之敗也，所謂法也。總而言之，皆計謀先勝而後興師，故以戰則克。所謂無形之軍政，非眾人所知也。

善用兵者，修道而保法，故能為勝敗之政。兵法：一曰度，二曰量，三曰數，四曰稱，五曰勝。地生度，度生量，量生數，數生稱，稱生勝。故勝兵若以鎰稱銖，敗兵若以銖稱鎰。勝者之戰民也，若決積水於千仞之谿者，形也。

右第四節，此節始將修道保法四字揭出，以見修道保法者內政也，即無形之軍政也。「道」即五校之道也。「法」即五校之法也。修之保之，即可以伺敵而敗之也，謂非軍政與內政之關係哉？而修道保法，則有度、量、數、稱、勝五者之兵法在焉，不可不知也。「地生度」者，因地而自度其德，有德者勝也。「度生量」者，既度其德，又必量力，有力者勝也。「量生數」者，德足以勝之，力足以勝之，而軍實之數不可不數也。「數生稱」者，稱所以權輕重也，軍實充足尤必權其利害，兩利相形則取其重，兩害相形則取其輕也。「稱生勝」者，利害之輕重既審，乃可以應敵而制勝也。此以上皆修道保法者所宜知也。二十兩為鎰，二十四銖為兩，銖輕而鎰重也。「勝兵若以鎰稱銖」，力易舉也。「敗兵若以銖稱鎰」，輕不能舉重也。八尺曰仞，「決積水於千仞之谿」，其勢疾也。此以上皆極力形容勝敗之形也。

# 勢篇第五

## 論奇正之妙用

曹公曰：「用兵任勢也。」

此一篇發明第一篇因利制權及詭道之義也。財政、外交、內政均已修明，然後可言用兵，故首篇謂五校、七事均已詳備，然後為之勢以佐其外。勢者，帥詭道也。然詭道之界說有二：一曰奇正，一曰虛實。此篇專論奇正之詭道，以「兵事不過奇正」一句為一篇之綱領也。分四節讀之。自首至「孰能窮之哉」為第一節，論勢有奇正虛實，而以「戰勢不過奇正」一句為主腦。可見「奇正」二字，即勢之確詁也；「虛實」二字，即於次篇發明之。自「激水之疾」至「如發機」為第二節，論勢之形狀，所謂能近取譬也。自「紛紛紜紜」至「以卒待之」為第三節，論用勢之方法，乃第一篇詭道十二種之意也。自「戰者求之於勢」至末為第四節，論勢為作戰之本，特揭明擇人任勢四字以結束之，而復取木石以形容之也。

孫子曰：凡治眾如治寡，分數是也；鬥眾如鬥寡，形名是也；三軍之眾，可使必受敵而無敗者，奇正是也；兵之所加，如以碫投卵者，虛實是也。凡戰者，以正合，以奇勝。故善出奇者，無窮如天地，不竭若江河。終而復始，日月是也；死而復生，四時是也。聲不過五，五聲之變，不可勝聽也；色不過五，五色之變，不可勝觀也；味不過五，五味之變，不可勝嘗也；戰勢不過奇正，奇正之變，不可勝窮也。奇正相生，如循環之無端，孰能窮之？

右第一節以「戰勢不過奇正」一句為主，其餘皆客也。以分數、形名二者為奇正之本體，而以虛實為奇正之妙用也。分數、形名二者，為正合也；虛實者，為奇勝。故曰「以正合，以奇勝」也。天地、江河、日月、四時、五聲、五色、五味，皆有奇有正，戰亦猶是也。分數者，統眾既多，必先分偏裨之任，定行伍之數，使不相亂，然後可用也。形者，陣形也。名者，旌旗也。形名已定，志專勢孤，人自為戰，故戰百萬之兵，如戰一夫也。奇正者，當敵以正陣、取勝以奇兵，前後左右俱能相應，則常勝而不敗也。碫，礪石也。碫實卵虛，以實擊虛猶以堅破脆也。「以正合，以奇勝」者，戰無其詐難以勝敵也。天地，動靜不居也；江河，通流不絕也；日月四時，盈虧寒暑不停也。天地、日月、四時，以喻奇正相變、紛紜渾沌、終始無窮也。五聲、五色、五味，以喻奇正相生之無窮也。戰勢不過奇正，此孫子大書特書之筆。明乎奇正之變，則萬途千轍，烏可窮盡也。奇正相生如循環之無端，敵不能窮我也。此一節以「奇正」二字為勢之確詁也。

激水之疾，至於漂石者，勢也；鷙鳥之疾，至於毀折者，節也。是故善戰者，其勢險，其節短。勢如彍弩，節如發機。

右第二節論勢之形狀，如激水之漂石，勢峻則巨石雖重不能止也；然必有節焉，如鷙鳥之能節量遠近，然後能毀折物也。其勢險者，如水得險隘而成勢也；其節短者，如鷙鳥之發，近則搏之也。勢如彈弩者，如弩之張，勢不逡巡也；節如發機者，如機之發，節近易中也。此一節以水石、鷙鳥、弩機為勢之喻也。

紛紛紜紜，鬥亂而不可亂也；渾渾沌沌，形圓而不可敗也。亂生於治，怯生於勇，弱生於強。治亂，數也；勇怯，勢也；強弱，形也。故善動敵者，形之，敵必從之；予之，敵必取之。以利動之，以卒待之。

右第三節論用勢之方法，仍不離乎第一篇詭道十二種之意也。「鬥亂而不可亂」者，分數形名，整齊嚴肅，自然不可亂也。「形圓而不可敗」者，奇正虛實，萬變不測、如環無端，自然不可敗也。「亂生於治」者，偽為亂形，以誘敵人，先須自治，乃能為偽亂也。「怯生於勇」者，偽為怯形，以伺敵人，先須有勇，乃能為偽怯也。「弱生於強」者，偽為弱形，以驕敵人，先須自強，乃能為偽弱也。故曰生也。「治亂，數也」者，實治而偽示以亂，明其部曲行伍之數也。「勇怯，勢也」者，實勇而偽示以怯，因其勢也。「強弱，形也」者，實強而偽示以弱，見其形也。「形之，敵必從之」者，移形變勢，誘動敵人，敵必墮我計中也。「予之，敵必取之」者，誘之以小利，敵必來取也。「以利動之，以卒待之」者，形之既從，予之又取，是能以利動之而來也，則以勁卒待之可也。此以上皆言用勢之方法，無往而非詭道也。

故善戰者，求之於勢，不責於人，故能擇人而任勢。任勢者，其戰人也，如轉木石。木石之性，安則靜，危則動，方則止，圓則行。故善戰人之勢，如轉圓石於千仞之山者，勢也。

右第四節，此一篇論勢為作戰之本，而以擇人任勢為作戰之歸結也。「求之於勢，不責於人」者，自圖於中，不求之於人也。擇人任勢者，任人之法，使貪、使愚、使智、使勇各任自然之勢也。故日擇人任勢者，為全篇之歸結也。末復以木石、動靜、方圓、行止為任勢之喻，孫子垂教萬世之意，至深且遠矣。

# 虛實篇第六

## 論虛實之至理

杜牧曰：「夫兵者，避實擊虛，先須識彼我之虛實也。」

此一篇承上篇而發明虛實之利，仍第一篇之詭道也。上篇以分數、形名為奇正之本體，而以虛實為奇正之妙用。故上篇以「戰勢不過奇正」一句為主，極力發明奇正之利。此篇即以「避實擊虛」一句為主，以「致人而不致於人」一句為全篇之樞紐，極力發明虛實之利，仍不外乎詭道而已。宜分四節讀之。第一節自首至「不致於人」，總論虛實之妙訣在乎「致人而不致於人」，而以先後勞佚四字為虛實之作用，全篇大旨盡於此矣。第二節自「能使敵人」至「可使無鬥」，論虛虛實實之種種方法，其要訣仍在「致人而不致於人」也。第三節自「故策之」至「應形於無窮」，論善戰者能詳審乎虛實之理，而以無形為制勝之形，則虛實之義蘊畢宣矣。第四節自「兵形像水」至末，論虛實之用神妙莫測，如水、如五行、如四時、如日月，千變萬化，不可方物，蓋極力形容之也，總之不離乎詭道者近是。

孫子曰：凡先處戰地而待敵者佚，後處戰地而趨戰者勞。故善戰者，致人而不致於人。

右第一節總論虛實之妙訣在乎「致人而不致於人」而已。而所謂先後勞佚四者，即致人不致於人之妙訣，故可謂之為虛實之作用也。蓋行軍苟不占先制之利，則落人後，不能佚，則處於勞，而致於人矣，遑問虛實哉！以下種種虛虛實實方法，皆不外乎審先後勞佚之機而已。

能使敵人自至者，利之也；能使敵人不得至者，害之也。故敵佚能勞之，飽能饑之，安能動之。出其所不趨，趨其所不意。行千里而不勞者，行於無人之地也。攻而必取者，攻其所不守也；守而必固者，守其所不攻也。故善攻者，敵不知其所守；善守者，敵不知其所攻。微乎微乎，至於無形；神乎神乎，至於無聲，故能為敵之司命。進而不可禦者，衝其虛也；退而不可追者，速而不可及也。故我欲戰，敵雖高壘深溝，不得不與我戰者，攻其所必救也；我不欲戰，畫地而守之，敵不得與我戰者，乖其所之也。故形人而我無形，則我專而敵分。我專為一，敵分為十，是以十共其一也，則我眾而敵寡。能以眾擊寡者，則吾之所與戰者，約矣。吾所與戰之地不可知，不可知，則敵所備者多；敵所備者多，則吾所與戰者寡矣。故備前則後寡，備後則前寡；備左則右寡，備右則左寡；無所不備，則無所不寡。寡者，備人者也；眾者，使人備己者也。故知戰之地，知戰之日，則可千里而會戰。不知戰地，不知戰日，則左不能救右，右不能救左，前不能救後，後不能救前，而況遠者數十里，近者數里乎？以吾度，越人之兵雖多，亦奚益於勝敗哉？故曰：勝可為也。敵雖眾，可使無鬥。

右第二節論虛虛實實之種種方法，均以「致人而不致於人」為要訣，無一而非詭道也。「能使敵人自至」者，誘之以利也。「能使敵人不得至」者，以害形之，敵患而不至也。「佚能勞之」者，使敵疲於奔命也。「飽能饑之」者，絕糧道以饑之也。「安能動之」者，攻其所愛使不得不動也。「出其所不趨，趨其所不意」者，使敵不得往救也。「行千里而不勞，如行無人之地」者，掩其空虛，攻戰其不備，雖千里之征，人不疲勞也。「攻所不守」者，攻其虛也。「守其所不攻」者，守以實也。「敵不知其所守」者，待敵有可乘之隙，速而攻之，使其不能守也。「不知其所攻」者，常為不可勝，使敵不能攻也。「微乎神乎，無形無聲，為敵之司命」者，攻守之術，微妙神密，至於無形無聲，故敵人生死之命，皆主於我也。「衝其虛」者，乘虛而進，敵不知所禦也。「速不可及」者，逐利而退，敵不知所追也。「攻其所必救」者，攻其要害也。「乖其所之」者，乖戾其道示以利害，使敵疑之，不敢攻我也。「形人」者，他人有形而我形不見，故敵必分兵以備我也。「十共其一」者，以我之專擊彼之散，是以十共擊其一也。「所與戰者，約」者，以專擊分，則我所敵少也。「吾所與戰之地不可知」者，不使敵知也，敵不知則處處為備，故與我戰者寡也。「備人」者，分兵而廣備於人也。「使人備己」者，專而使人備己也。知戰地戰日，則可千里會戰，不知戰地戰日，則左右前後亦不能救，不知虛實之故也。「越人之兵雖多奚益」者，越非吳越之越，《孫子十三篇》非專為攻越人作也，宜訓為「過」，言兵雖過人，苟不知戰地戰日，亦無益於勝敗也。「勝可為也」者，言敵若不知戰地戰日，則我之勝可為也。「敵雖眾，可使無鬥」者，分其力、多其備，則不可併力於鬥也。此一節皆言虛虛實實之種種方法。利之、害之、勞之、饑之、動之、出之、趨之、攻之、取之、守之、固之、沖之、乖之、形之、分之、約之、寡之、右之、左之、前之、後之，總而言之，無一而非虛實之作用，即無一而非詭道也。

故策之而知得失之計，作之而知動靜之理，形之而知死生之地，角之而知有餘不足之處。故形兵之極，至於無形。無形，則深間不能窺，智者不能謀。因形而措勝於眾，眾不能知。人皆知我所以勝之形，而莫知吾所以制勝之形。故其戰勝不復，而應形於無窮。

右第三節論戰善者能詳審乎虛實之理，而以無形為制勝之形，則應敵形於無窮，而虛實主義蘊畢宣矣。「策之」者，策敵情而知其計之得失也。「作之」者，為之利害，使敵赴之，可知其動靜也。「形之」者，形之以弱，彼必進，形之以強，彼必退；因其進退，可知彼所據之地之死生也。「角之」者，較量彼我之力，而知其有餘不足也。凡此者，皆所以比較虛實之理也。「形兵之極，至於無形」者，策之、作之、形之、角之，至於其極，卒歸於無形也。「無形，則深間不能窺，智者不能謀」者，無形則雖有間者深來窺我，不能知我之虛實強弱；不泄於外，雖有智慧之士，亦不能謀我也。「因形而措勝於眾」者，因敵變動之形，以制勝也。「人皆知我所以勝之形，而不知吾所以制勝之形」者，言人但見我勝敵之形，而不知吾所以制勝之形，乃在因敵形而制此勝也。「戰勝不復」者，不循前法也。「應形無窮」者，隨敵之形而應之，出奇無窮也。總而言之，所謂制勝之形，即第一篇之詭道十二種，皆因敵形而應之也，所謂形兵之極至於無形者，即以無形為制勝之形也。

夫兵形像水，水之行，避高而趨下；兵之形，避實而擊虛。水因地而制流，兵因敵而制勝。故兵無常勢，水無常形，能因敵變化而取勝者，謂之神。故五行無常勝，四時無常位，日有短長，月有死生。

右第四節論虛實之用，神妙莫測；兵無常勢，而因敵形以制勝，亦猶水之無常形，因地形而制流也，然其總訣不過曰避實擊虛而已。然則避實擊虛，安有一定之形乎？此所以謂無形也，亦不過因敵變化以取勝而已，可不謂神乎？末復以五行、四時、日月形容之，正以見虛實之妙用也。

# 軍爭篇第七

## 論普通戰爭之方略

曹公曰：「兩軍爭勝。」

此一篇論兩軍爭勝之道也。廟算已定，財政已足，外交已窮，內政已飭，奇正之術已熟，虛實之情已審，即當授為將者以方略，而從事戰爭矣。宜分六節讀之。第一節自首至「軍爭為危」，言軍爭之總方略，在乎占先制之利也。第二節自「舉軍」至「地利」，言軍爭雖以爭先為第一要義，然而輜重、糧食、委積、敵謀、地形、鄉導六者，亦不可不顧慮也。第三節自「兵以詐立」至「此軍爭之法」，論軍爭之動作也。第四節自「《軍政》曰」至「變民耳目」，言治眾之法也。第五節自「三軍可奪氣」至「治力」，言治氣、治心、治力之法也。第六節自「正正之旗」至末，皆言治變之法也。

孫子曰：凡用兵之法，將受命於君，合軍聚眾，交和而舍，莫難於軍爭。軍爭之難者，以迂為直，以患為利。故迂其途，而誘之以利，後人發，先人至，此知迂直之計者也。故軍爭為利，軍爭為危。

右第一節論軍爭之總方略也。軍爭之法，占先則利、落後則危，故必以迂為直、以患為利，能先據其要害、先得其形勝，占先制之利，則可以與人爭勝也，和軍門也。「交和而舍」者，言與敵人對壘而舍也。「以迂為直，以患為利」者，謂所征之國，路由山險、迂曲而遠，將欲爭利，則當分兵出奇、隨逐嚮導，由直路乘其不備急擊之；雖有陷險之患，得利亦速也。「迂其途，而誘之以利，後人發，先人至」者，迂遠其途，誘以小利，使我出奇之兵，後人發、先人至也，此以迂為直、以患為利之作用也。軍爭者，苟能明乎迂直之計，而能占先制之利，則軍爭為利矣；反乎此，則軍爭為危矣，可不慎哉！

舉軍而爭利，則不及；委軍而爭利，則輜重捐。是故卷甲而趨，日夜不處，倍道兼行，百里而爭利，則擒三將軍。勁者先，疲者後，其法十一而至。五十里而爭利，則蹶上將軍，其法半至；三十里而爭利，則三分之二至。是故軍無輜重則亡，無糧食則亡，無委積則亡。故不知諸侯之謀者，不能豫交；不知山林、險阻、沮澤之形者，不能行軍；不用鄉導者，不能得地利。

右第二節言軍爭之時，雖宜先占制之利，然所當顧慮者，凡六事，不可不注意也。一曰輜重，二曰糧食，三曰委積，此大本營所當注意者也；四曰敵謀，五曰地形，六曰鄉導，此前敵所當注意者也。假如舉軍中所有者而行，以爭利，則軍行遲滯矣；假如委棄輜重而爭利，則軍費缺乏矣。是以倍道兼行日夜百里者，則三軍之將必為敵所擒也。何也？因其行軍之時，強勁者在先，罷乏者在後，其能到作戰區域者，不過十分之一耳。凡軍行日三十里為一舍，假如日行五十里而爭利，則所到者不過一半，故必蹶前軍之將也。唯三十里而爭利，則到者可三分之二，不失行列之政，不絕人馬之利，庶幾可以爭勝也。綜以上而觀之，可知行軍固貴乎占先制之利，然亦不可背乎行軍原則。反乎此，則輜重、糧食、委積均不能攜帶，而軍資匱乏矣，故此三者為大本營所當注意者也。不知諸侯之謀則不能伐謀伐交，蓋不知敵謀則不能豫交也。不知山嶺、險阻、沮澤之形則易陷入危險，故曰不能行軍也。不用鄉導，則不能知道路之利便，故曰不能得地利也。此三者，為前敵所當注意者也。此一節皆軍爭之時所當顧慮者也。

故兵以詐立，以利動，以分合為變者也。故其疾如風，其徐如林，侵掠如火，不動如山，難知如陰，動如雷震。掠鄉分眾，廓地分利，懸權而動。先知迂直之計者勝，此軍爭之法也。

右第三節論軍爭時之動作也。「以詐立」者，以變詐為本，使敵不知吾奇正之所在也。「以利動」者，見利乃動，不妄發也。「以分合為變」者，或分或合，以惑敵人，覿其應我之形然後能變化以取勝也。「其疾如風，其徐如林」者，出奇之兵，爭先制之利，故宜疾如風也；本隊行動，有種種顧慮，故宜徐如林也。「侵掠如火，不動如山」者，前敵宜侵掠如火，大本營宜安固如山也。「難知如陰，動如雷霆」者，大本營之計劃，宜祕密不使人知，如天之烏雲莫測；而前敵之行動，則當如雷如霆，著著爭先，如疾雷之不及掩耳也。「掠鄉分眾」者，攻擊得手，則當分兵為數道而搜尋之，懼不虞也。「廓地分利」者，既得敵地，則當分地防禦，守其要害也。「懸權而動」者，兵之主力握於總司令之手，如權衡之秤物，視敵人之弱點而攻之，視我軍之薄處而助之也。凡此者，皆當預審迂直之計，乃能制勝，故曰此軍爭時動作之法也。

《軍政》曰：「言不相聞，故為鼓鐸；視不相見，故為旌旗。」夫金鼓、旌旗，所以一人之耳目也。人既專一，則勇者不得獨進，怯者不得獨退，此用眾之法也。故夜戰多火鼓，晝戰多旌旗，所以變人之耳目也。

右第四節言治眾之法也。軍爭行止，當整齊畫一，故以鼓鐸旌旗金火，以練軍人之耳目，使其進退行止、晝戰夜戰均整齊畫一也。

故三軍可奪氣，將軍可奪心。是故朝氣銳，晝氣惰，暮氣歸。故善用兵者，避其銳氣，擊其惰歸，此治氣者也。以治待亂，以靜待嘩，此治心者也。以近待遠，以佚待勞，以飽待饑，此治力者也。

右第五節言軍爭之時，既已整齊畫一，尤必治氣、治心、治力，乃能萬全也。此三者，近乎明人戚繼光練心之法。「三軍可奪氣」者，心之怯也。「將軍可奪心」者，心無主也。「朝氣銳」者，心力強也。「惰」與「歸」者，心之灰也。「亂」者心不固也，「嘩」者心之擾也，「遠」者其心怠也，「勞」者其心散也，「饑」者其心怒也。故為將者必以練心為第一要義，其致力之方，則日治氣、治心、治力而已。

無要正正之旗，勿擊堂堂之陣，此治變者也。故用兵之法：高陵勿向，背丘勿逆，佯北勿從，銳卒勿攻，餌兵勿食，歸師勿遏，圍師必闕，窮寇勿追，此用兵之法也。

右第六節言軍爭者固以占先制之利為貴，然而兵者國之大事、死生存亡所關，不可以不慎防其變，故以此十者列舉於此，以免陷入危機也。「無要正正之旗」者，恐其有備也。「勿擊堂堂之陣」者，兵力厚也。「高陵勿向」者，敵若據山陵、依險阻，有負隅之勢，則不可仰攻也。「背丘勿逆」者，敵若背丘陵為陣，當引致之平地，不可迎擊也。「佯北勿從」者，敵方戰氣勢未衰，便奔走而卻陣者，必有奇兵伏兵，不可從也。「銳卒勿攻」者，敵方強盛，則當避之，避其銳氣，當待其惰而擊之也。「餌兵勿食」者，敵若以小利來餌我士卒，不可貪也。「歸師勿遏」者，敵既退卻，必預定收容陣地，以掩護其退卻，不可遏而止之也。「圍師必闕」者，敵人既被我圍，則必闕其一面，示以生路，以減少兩軍死傷也。「窮寇勿追」者，敵既失敗以解散為主，不可迫之於危地，追之則反噬，勝負未可知也。此皆示為將者，以防敵情之變、趨吉避凶之方法，皆治變之道也。此篇所論皆兩軍爭勝之原則，神而明之，存乎其人而已。

# 九變篇第八

## 論臨機應變之方略

王皙曰：「九者數之極。用兵之法，當極其變耳。」

此一篇論為將者當極其應變之能事。故亦以將受命於君發其端，言為將者既受君之種種方略，尤不可不極其變通，故略引古之戰鬥原則。關於地形者，曰圮地無舍、衢地交合、絕地無留、圍地則謀、死地則戰，此戰鬥原則之不可變者也。然而事變之來，有時途有所不由、軍有所不擊、城有所不攻、地有所不爭，極而言之，雖君命亦有所不受。君命可變，則因時制宜，無所不可變也。所以古之知用兵者，必知九變之利、九變之術。全篇主旨在於通九變之利，否則雖知地形，不能得地之利矣；在於知九變之術，否則雖知五利，不能得人之用矣。可見知地形而不知變，不可也；知五利而不知變，亦不可也。知變而不知所以必變之術，亦不可也。總以知九變之利、知九變之術為要，此將將之要道也。宜分三節讀之。第一節自首至「得人之用」，言選將之法，在乎選知變之將也。第二節自「智者」「至」不可攻」，論任將之法，在乎用善變之將也。第三節自「故將」至末，論殺將之法，將不知變則有覆軍殺將之災也。細讀全文，知所引五種地形，乃藉此原則以發其端，此其不可變者也；而不由、不擊、不攻、不爭、不受，則示人以變化之方。末復以五危殺將，為不知變者警告之。孫子之用意深矣。解者多指「九變」為「九地之變」，與《九地篇》強相牽合，殊不可通也。

孫子曰：凡用兵之法，將受命於君，合軍聚眾。圮地無舍，衢地合交，絕地無留，圍地則謀，死地則戰。途有所不由，軍有所不擊，城有所不攻，地有所不爭，君命有所不受。故將通於九變之地利者，知用兵矣。將不通於九變之利者，雖知地形，不能得地之利矣。治兵不知九變之術，雖知五利，不能得人之用矣。

右第一節論選將之法，總以知九變之利、知九變之術為標準，與九地無關也。地形，即五種之地形也。然不曰「五地之形」而曰「地形」者，因此五種亦不過約略舉之以為例，非必限定僅此五種地形也。況乎此五種地形，在《九地篇》僅列其四，而所謂「絕地」者，又不在九地之列而散見於九地之後；可見此篇「九變」，與「九地」無關也。其主旨在乎選將當知地形，然有時亦當知所變通。途當由也，然有時可以不由；軍當擊也，然有時可以不擊；城當攻也，然有時可以不攻；地當爭也，然有時可以不爭；君命當受也，然極而言之，君命亦有時可以不受：此即所謂變也。故曰知九變之利者，知用兵矣，即可以為將矣。然苟不通九變之利，則雖知圮地、衢地、絕地、圍地、死地之原則，仍不能得地之利也；苟不知九變之術，則雖知由途之利、擊軍之利、攻城之利、爭地之利、受君命之利，而不知不由、不擊、不攻、不爭、不受之利，則仍不能得人之用也。孫子原文其義甚明也。五種地形之解釋，詳於《九地篇》，此處可不必贅也。「途有所不由」者，道有險狹，懼其邀伏，不可由也。「軍有所不擊」者，見小利不能傾敵，則勿擊之，恐重勞人也。「城有所不攻」者，拔之而不能守，委之而不為害，則不須攻也。「地有所不爭」者，得之不便於戰，失之無害於己，則不須爭也。「君命有所不受」者，苟便於事，不拘於君命也。此一節言為將者不拘常法、臨事適變、從宜而行之，則可以得地之利、得人之用矣。若強將五地、五利硬作為九變，則分明十變矣，何得為九變哉，不可通者一也；若將五利中「君命」一句提出，而以五地及四利強列為九，則更支離破碎，不成文法矣，不可通者二也。總而言之，讀此段文字，當以活眼觀之；所舉之五地，不過略舉以見例，不以此五者為限也，不必與《九地篇》強為分合，以謬解乎九變也。吾故曰：九變者，極其應變之能事而已。

是故智者之慮，必雜於利害。雜於利，而務可信也；雜於害，而患可解也。是故屈諸侯者以害，役諸侯者以業，趨諸侯者以利。故用兵之法，無恃其不來，恃吾有以待也；無恃其不攻，恃吾有所不可攻也。

右第二節，此即發明九變之利、九變之術也。「雜於利，而務可信」者，在利之時思害以自慎，則眾務皆信，人不敢欺也；「雜於害，而患可解」者，在害之時思利而免害，則其患解也：此皆極知利害之變也。「屈諸侯以害」者，致之於受害之地，則自然屈服也；「役諸侯以業」者，以事勞之，使不得休也；「趨諸侯以利」者，動之以小利，使之必趨也：此皆極知諸侯之變也。「恃吾有以待之」者，善攻也；「恃吾有所不可攻」者，善守也，言思患而預防也：此皆極知攻守之變也。故曰此一節即發明九變之利、九變之術也。任將如此，則無往而不利矣。

故將有五危：必死可殺也，必生可虜也，忿速可侮也，廉潔可辱也，愛民可煩也。凡此五者，將之過也，用兵之災也。覆軍殺將，必以五危，不可不察也。

右第三節論為將者而不知變，則敵人則乘其隙而殺之也。蓋為將者，知死鬥而不知於死中求生，則敵將誘而殺之也；知貪生而見利不進，則敵將鼓噪而擒之也；知剛愎褊急而無謀，敵將侮之，使輕進而敗之也；廉潔之人，可汙辱而致之也；仁愛之人，攻其所愛，則彼必疲睏也：凡此五者皆偏於一端而不知變。有將如此，未有不覆軍殺將者也。孫子之意，蓋謂為將者須識權變，不可執一道也。九變之用，不亦神哉！若必以五地、五形、四利、事五與《九地篇》強為分配，真可謂拘而寡要，勞而鮮功者矣。

# 行軍篇第九

論行軍之計劃

曹公曰：「擇便利而行也。」

此一篇論行軍之計劃，當注重地形，注重偵探，注重前衛，並注重於威信教育也。分四節讀之。第一節自首至「伏奸之所藏處」，論行軍當相度山地、水地、澤地、陸地、勝地、險地之形勢，而利用之，故曰注重地形也。第二節自「敵近而靜」至「必謹察之」，論行軍者當以各種偵探為原則，故曰重偵探也。第三節自「兵非貴益多」至「擒於人」，論行軍時前衛之兵力及任務也。第四節總論行軍者，臨時當有威信，而平時當有教育也。

孫子曰：凡處軍、相敵，絕山依谷，視生處高，戰隆無登，此處山之軍也。絕水必遠水，客絕水而來，勿迎之於水內，令半濟而擊之，利；欲戰者，無附於水而迎客；視生處高，無迎水流，此處水上之軍也。絕斥澤，唯亟去無留。若交軍於斥澤之中，必依水草而背眾樹，此處斥澤之軍也。平陸處易，而右背高，前死後生，此處平陸之軍也。凡此四軍之利，黃帝之所以勝四帝也。凡軍好高而惡下，貴陽而賤陰，養生而處實，軍無百疾，是謂必勝。丘陵堤防，必處其陽，而右背之。此兵之利，地之助也。上雨，水沫至，欲涉者，待其定也。凡地有絕澗、天井、天牢、天羅、天陷、天隙，必亟去之，勿近也。吾遠之，敵近之；吾迎之，敵背之。軍旁有險阻蔣潢、井生葭葦、山林蘙薈，必謹覆索之，此伏奸之所藏處也。

右第一節論行軍者，當利用地形也。地形略分六種。一曰山地。「絕山依谷」者，言馬隊過山，必依附溪谷；一則利水草，一則負險固也。「視生」者，向陽也。「處高」者，居高阜也。「戰隆無登」者，敵處隆高之地，不可登迎與戰也。二曰水地。「絕水必遠水」者，凡行軍遇水欲捨止者，必去水稍遠；一則引敵使渡，一則進退無礙也。「水內」者，水汭也。迎於水汭，則敵不敢濟，半濟則行列未定、首尾不相接，故擊之必勝也。「無附於水而迎客」者，附近於水而迎客，敵必不得渡而與我戰也。「視生處高」者，水上亦當據高而向陽也。「無迎水流」者，恐溉我也。三曰澤地。「斥」者，鹹鹵之地也。軍過斥澤之地，地氣濕潤、水草薄惡，不可久留也。「必依水草而背眾樹」者，便樵汲而資險阻也。四曰陸地。

「平陸處易」者，言行軍於平陸，必擇其坦易平穩之處以處之，使我之車騎得以馳逐也。「右背高」者，右背丘陵，勢則有憑也。「前死後生」者，前低後隆，戰者所便也。「四帝」者，四方之諸侯也；黃帝七十戰而定天下，此即是與四方諸侯戰也。五曰勝地。凡行軍者，喜高貴陽，養生處實。行軍者，擇此種之地而處之，無有不勝矣。六曰險地。凡徒涉之處，必預防水之暴漲，故必待其定也。「絕澗」者，前後險峻，水橫其中者也。「天井」者，四面峻坂，澗壑所歸者也。「天牢」者，三面環絕，易入難出者也。「天羅」者，草木蒙密，鋒鏑莫施者也。「天陷」者，卑下汙濘，車騎不通者也。「天隙」者，兩山相向，洞道狹惡者也，故宜亟去也。我既遠之，敵必近之，我既向之，敵必背之，故我利而敵凶也。「險」者，一高一下之地也。「阻」者，多水之地也。「蔣潢」者，蔣之潢也。（近人陸懋德引《說文》：「蔣，瓜也。」《淮南子．天文訓》，高誘注曰：「瓜生水上，相連大而薄也。」）「井生葭葦」者，「井」當作「並」，言險阻蔣潢之地，並生葭葦也。（孫本引《御覽》）「翳薈」者，草木之相矇蔽也。凡此者皆險地，故必搜尋之，恐其有伏兵、有奸細也。此一節備陳六種地形，皆與行軍者有密切之關係也。

敵近而靜者，恃其險也；遠而挑戰者，欲人之進也。其所居易者，利也。眾樹動者，來也；眾草多障者，疑也；鳥起者，伏也；獸駭者，覆也；塵高而銳者，車來也；卑而廣者，徒來也；散而條達者，樵採也；少而往來者，營軍也。辭卑而益備者，進也；辭詭而強進驅者，退也；輕車先出，居其側者，陳也；無約而請和者，謀也；奔走而陳兵車者，期也；半進半退者，誘也。倚仗而立者，饑也；汲而先飲者，渴也；見利而不進者，勞也；烏集者，虛也；夜呼者，恐也。軍擾者，將不重也；旌旗動者，亂也；吏怒者，倦也；粟馬肉食，軍無懸缻；不返其舍者，窮寇也；諄諄翕翕，徐言入入者，失眾也；數賞者，窘也；數罰者，困也；先暴而後畏其眾者，不精之至也；來委謝者，欲休息也；兵怒而相迎，久而不合，又不相去，必謹察之。

右第二節論行軍者當利用偵探也。偵探者，行軍之耳目。偵探不確實、不詳密，則兵必陷於危境，故此節列舉偵探之方法也。近而不動者，倚險故不恐也。

「遠而挑戰」者，欲誘我之進也。「其所居易者，利也」者，敵不居險阻而居平易，必有以便利於事也。以上三者，偵探敵人之營陳地，以便知其虛實也。「眾樹動」者，斬木除道而來也。「眾草多障」者，結草為障，欲使我疑也。「鳥起」者，鳥起其上，下有伏兵也。「獸駭」者，凡敵欲襲我，必由他道險阻林木之中，故驅起伏獸駭逸也。「塵高而銳」者，車馬行疾，仍須魚貫，故塵高而銳也。「卑而廣」者，徒步之人，行遲，可以並列，故塵卑而廣也。「散而條達」者，樵採者各隨所向，故塵埃散衍條達縱橫也。「少而往來」者，欲立營壘以輕兵往來為斥候，故塵少也。以上八者，偵探敵人之行軍微候，以便知其行止動作也。「辭卑而益備」者，言敵人使來，言辭卑遜、復增壘堅壁、若懼我者，是欲驕我使懈怠，必來攻我也。「辭詭而強進驅」者，使者辭壯，軍又前進，欲脅我而求退也。以上二者，偵探敵人來使之言辭，而知其虛實也。「輕車先出，居其側」者，謂以戰車先出於軍之旁，可知其陳軍欲戰也。古用車戰，若今之出軍，先以騎兵搜尋軍之兩旁也。「無約而請和」者，無故請和，必有奸謀以間我也。「奔走而陳兵車者，期也」

者，必有遠兵刻期接應，合勢同來攻我也；若尋常之期，不必奔走而陳兵車也。「倚仗而立」者，困餒之相也。「汲而先飲」者，汲者未及歸營，而先飲水，是渴也。「見利而不進」者，敵見我與以小利，而不進者，可知其疲勞也。「鳥集」者，敵人若去，營幕必空，禽鳥無所畏，乃鳴集其上，故日虛也。「夜呼」者，恐懼不安，故夜呼以自壯也。「軍擾」者，軍中多驚擾，可知其將不持重也。「旌旗動」者，部伍雜亂也。「吏怒」者，眾悉倦弊，故吏不畏而忿怒也。「粟馬肉食」者，以糧谷秣馬、殺牛馬飨士也。「軍無懸缶」者，悉破之示不復飲食也。「不返舍」者，晝夜結部伍也，凡此者，皆窮寇也。以上九者，唯「見利不進者」及「旌旗動者」二項，仍遭遇戰之偵探方法，其餘七項均敵人宿營地之偵探方法也。「諄諄」，竊議貌；「翕翕」，不安貌。「入入」者，猶如如也，安徐之意；言士卒相聚私語，低緩而言，以非其上，是不得眾心也。「屢賞」為窘者，軍實窘則恐士卒心怠，故行小惠也。「數罰」為困者，人弊不堪，命數罰以立威也。「先暴而後畏其眾」者，先刻暴御下，後畏眾叛也，是訓練不精之極也。「來委謝」者，戰未相伏而下意氣相委謝者，求休息也。「兵怒相迎」者，盛怒出陳也。「久而不合」者，久不交刃也。「又不相去」者，復不解去也。此蓋有所待也，故必謹察之，恐有奇伏旁起也。以上六者，偵探敵人內政之方法也。此一節皆論偵探為行軍之要素也。

兵非益多也，唯無武進，足以併力、料敵、取人而已。夫唯無慮而易敵者，必擒於人。

右第三節論行軍時編制前衛之兵力及任務也。「兵非益多，唯無武進，足以併力、料敵、取人」者，言兵不貴多，唯不可剛武輕進，但使足以並其力、料其敵、取勝於人而已。此言前衛之兵力不能過多，而其任務亦不過如此而已，足矣。「無慮而易敵，必擒於人」者，言無深謀遠慮，但恃一夫之勇、輕易不顧者，必為敵人所擒也。此言前衛兵力不多，若如此，則失其任務矣，故成擒也。

卒未親附而罰之，則不服，不服則難用也；卒已親附而罰不行，則不可用也。故令之以文，齊之以武，是謂必取。令素行以教其民，則民服；令不素行以教其民，則民不服。令素信著者，與眾相得也。

右第四節論行軍者，賞罰不可濫，恩威不可失，而教育不可不預也。「卒未親附罰之，不服」者，恩信未洽，不可以刑罰齊之也。「卒已親附而罰不行」者，恩德既洽，而刑罰不行，則驕不可用也。此二者，言賞罰不可濫也。「令之以文」者，文能附眾也。「齊之以武」者，武能威敵也，故必取也。此言恩威不可失也。「令素行以教其民，則民服」者，威令舊立，教乃聽從也。「令不素行，則民不服」者，民不素教，難卒為用也。「令素信著」者，言恩信素孚，則教育有方，自然與眾相得也。此言教育不可不預也。總而言之，行軍者臨時須善用其威信，而平時不可不加意教育而已。

# 地形篇第十

## 論戰鬥開始之計劃

曹公曰：「欲戰，審地形，以立勝也。」

此一篇論戰鬥開始時之計劃，當注重地形；然能利用地形者，在乎將才，故次論將才；然將能利用地形，尤必深得軍心，故次論軍心。此三者皆戰鬥開始時所極當注意之點也。宜分四節讀之。第一節自首至「地之道不可不察」，論戰鬥開始時，當顧慮種種地形，以定開進、展開、攻擊、防禦之方法也。第二節自「故兵」至「國之寶也」，論戰鬥時將才之關係也。第三節自「視卒」至「不可用」，論戰鬥時軍心之關係也。第四節總論戰鬥時地形、將才、軍心三者彼此之互相關係也，明乎此可以戰矣。

孫子曰：地形有通者，有掛者，有支者，有隘者，有險者，有遠者。我可以往，彼可以來，曰通。通形者，先居高陽，利糧道，以戰則利。可以往，難以返，曰掛。掛形者，敵無備，出而勝之；敵若有備，出而不勝，難以返，不利。我出而不利，彼出而不利，曰支。支形者，敵雖利我，我無出也；引而去，令敵半出而擊之，利。隘形者，我先居之，必盈之以待敵；若敵先居之，盈而勿從，不盈而從之。險形者，我先居之，必居高陽以待敵；若敵先居之，引而去之，勿從也。遠形者，勢均，難以挑戰，戰而不利。凡此六者，地之道也，將之至任，不可不察也。

右第一節列舉種種地形，皆論開進、展開、攻擊、防禦時運動軍隊，當顧慮各種地形而運用之也。凡遇通行之地，則當先居高陽之處，以待敵人。良以高陽之地，既無岡坡、又無要害，我先居之便於瞭望、易於轉運，以戰則利也。凡遇掛形之地，則當攻其無備。良以掛者，險阻之地，與敵犬牙相錯動有罣礙，若敵有備，則邀我歸路，難以返也。凡遇支形之地，先出者敗。良以支形者，兩軍隘路前，公共之平坦開闊地也。我與敵人各守高險，對壘而軍，中有平地。我先出，則敵必因我之半出而擊我；敵先出，則我亦必因敵之半出而擊敵。故曰我出不利、彼出亦不利也，必當引而去之、伏卒待之；敵必出而躡我後，我因其半出而急擊之，則我利矣。凡遇隘形之地，必先占其隘口以待敵。良以左右高山、中有平谷，我先占其隘口，如水之盈滿於器，則敵不得進也；若敵已先占盈塞隘口而陳，則不可從也。凡險形之地，必先占其高陽以待敵。良以山峻谷深，非人力之所能作為，必居高向陽、以佚待勞，則勝矣；若敵已先占之，則不可與爭也。凡遇遠形之地，止可坐以致敵，不宜挑人求戰也。良以營壘相遠、勢力又均，故挑戰則我勞而不利也。此六者皆開進、展開時所最宜顧慮，以定攻擊、防禦之方法也，故謂之地之道。為將者，不可以不察也。

故兵有走者，有弛者，有陷者，有崩者，有亂者，有北者。凡此六種，非天之災，將之過也。夫勢均，以一擊十，曰走。卒強吏弱，曰弛。吏強卒弱，曰陷。大吏怒而不服，遇敵懟而自戰，將不知其能，曰崩。將弱不嚴，教道不明，吏卒無常，陳兵縱橫，曰亂。將不能料敵，以少合眾，以弱擊強，兵無選鋒，曰北。凡此六者，敗之道也，將之至任，不可不察也。夫地形者，兵之助也。料敵制勝，計險厄、遠近，上將之道也。知此而用戰者必勝，不知此而用戰者必敗。故戰道必勝，主曰無戰，必戰可也；戰道不勝，主曰必戰，無戰可也。故進不求名，退不避罪，唯人是保，而利合於主，國之寶也。

右第二節論戰鬥雖宜顧勝地形，而勝負之權，全繫乎將才。所謂地形者，不過為兵之助而已，要在將得其人，乃能料敵制勝也。凡以一擊十而勝者，必我軍將之智謀、兵之勇怯、饑飽勞佚十倍於敵，乃能制勝；若勢均，則必敗而走矣。凡吏無統率之能力，則卒雖強而軍政依然弛壞也。凡吏有剛勇之氣，而士卒素乏訓練，必陷於敗亡也。凡大將無理而怒小將，使之心內懷不服，因緣怨怒、逢敵便戰，而將又不知己之能否，自然成土崩之勢也。凡將懦而不嚴，則士卒無常檢，教育不切實，則營陣無節制，故曰亂也。凡將不能量敵情之強弱，而以少當眾，不能選精銳為先鋒，而以弱擊強，無有不奔北者也。凡此六者，皆取敗之道。故上將之道，唯在於料敵制勝，計險阻遠近之地形而已矣。知地形而後戰，必勝；不知地形而貿貿然戰，必敗之道也。戰有必勝之道，雖君命不戰，然可以戰也；戰苟無必勝之道，雖君命戰，然不可戰也：所謂君命有所不受也。不求名、不避罪，皆忠以為國也，唯民是保、而利合於主，所以不求名不避罪也，豈非國之寶乎！此一節論戰鬥之時，全繫乎將才，而地形不過為將之輔助已。

視卒如嬰兒，故可與之赴深谿；視卒如愛子，故可與之俱死。厚而不能使，愛而不能令，亂而不能治，譬若驕子，不可用也。

右第三節論為將者雖知地形、雖有將才，尤宜固結軍心，乃可用也。蓋將之於兵，撫之如嬰兒、待之如愛子，則可以得其死力，雖使之赴深谿可也。然恩不可專用，厚養之，尤必加之以勞，愛寵之，尤必施之以教，亂法者尤必治之以罪，否則如驕子不可用矣。此一節言為將者既知地形、既有將才，尤必固結軍心也。

知吾卒之可以擊，而不知敵之不可擊，勝之半也；知敵之可擊，而不知吾卒之不可以擊，勝之半也；知敵之可擊，知吾卒之可以擊，而不知地形之不可以戰，勝之半也。故知兵者，動而不迷，舉而不窮。故曰：知彼知己，勝乃不殆；知地知天，勝乃可全。

右第四節總論戰鬥之時，地形、將才、軍心三者彼此之互相關係。然地形與軍心，尤在將之能知。故此一節「知」字凡十二見，孫子垂教後世之意，深且遠矣。

# 九地篇第十一

## 論戰鬥得勝深入敵境之計劃

王晳曰：「用兵之地，利害有九也。」

此一篇論戰鬥勝利後，深入敵境之計劃。仍以利用地形為主要也，故以「九地」名篇。《九變篇》略舉五種地形，與此篇互有詳略，而此篇九地之外，復有「絕地」。蓋《九變篇》意在示為將者以應變之方，故略舉五地以見例；此篇意在示為將者以乘勝深入之方，故列舉九地，又申之以絕地，恐為將者因勝而不設備，則深入敵境，必有全軍覆沒之災也。宜分八節讀之。第一節自首至「有死地」，論九地之總目也。第二節自「諸侯自戰」至「為死地」，論九地之性質也。第三節自「是故散地」至「死地則戰」，論九地之作用也。第四節自「所謂古之善用兵者」至「攻其所不戒」，論戰鬥開始時，運籌決勝之經過也。第五節自「凡為客之道」至「將軍之事」，論決勝後深入決死之經過也。第六節自「九地之變」至「過則從」，論深入決死之時，尤必設備也。第七節自「是故不知」至「巧能成事」，論戰鬥終結，萬全之總計劃也。第八節自「攻舉之日」至末，總論戰鬥開始、戰鬥決死、戰鬥終結三時期之綱要也。而其重要關鍵皆繫乎地形，故以「九地」名篇。

孫子曰：用兵之法，有散地，有輕地，有爭地，有交地，有衢地，有重地，有圮地，有圍地，有死地。

右第一節列舉九地之名目也。

諸侯自戰其地，為散地；入人之地而不深者，為輕地；我得則利，彼得亦利者，為爭地；我可以往，彼可以來者，為交地；諸侯之地三屬，先至而得天下之眾者，為衢地；入人之地深，背城邑多者，為重地；行山林、險阻、沮澤，凡難行之道者，為圮地；所由入者狹，所從歸者迂，彼寡可以擊吾之眾者，為圍地；疾戰則存，不疾戰則亡者，為死地。

右第二節論九地之性質也。「自戰其地為散地」者，士卒戀土道近易散也。「入人之地不深為輕地」者，初涉敵境，勢輕士未有鬥志也。「我得則利，彼得亦利，為爭地」者，謂山水阨口有險固之利，兩敵所爭也。「我可以往，彼可以來，為交地」者，道相交錯也，言道路交橫，彼我可以往來也。「三屬」者，我與敵相當，而旁有他國也。「先至三屬之地，而得天下之眾，為衢地」者，三屬之地，我須先至其衢，據其形勢，結其旁國也。「入人之地深，背城邑多，為重地」者，入人之境已深，過人之城已多，津梁皆為所恃，要沖皆為所據，還師返旆不可得也。「山林險阻沮澤，及一切難行之道，為圮地」者，不可為城壘溝隍之地，進退艱難，而無所依者也。「由入者隘，從歸者迂，彼寡可以擊吾眾，為圍地」者，山川圍繞，入則險隘、歸則迂迴，進退無從，雖眾無用也。「疾戰則存，不疾戰則亡，為死地」者，山川險阻，進退不能，糧絕於中、敵臨於外，當此之際，勵士激戰而不可緩也。此皆解釋九地之性質也。

是故散地則無以戰，輕地則無止，爭地則無攻，交地則無絕，衢地則合交，重地則掠，圮地則行，圍地則謀，死地則戰。

右第三節論九地之作用也，即戰鬥與地形所關之原則也。「散地則無以戰」者，(「以」，與也。「無以戰」者，無與戰也。「以」、「與」古通用也。) 散地無關闔，卒易散走也。假如我不與戰，而敵來攻，則亦不能坐以待斃，當集人聚谷、保城備險、輕兵絕其糧道，彼挑戰不得、轉輸不至、野無所掠、三軍困餒，因而誘之，可以有功；若欲野戰，則必因勢依險設伏，無險則隱於陰晦，出其不意，襲其懈怠：此散地無與戰之妙用也。「輕地則無止」者，始入敵境，未背險阻、士心不專，無以戰為務，勿近名城、勿由通路，以速進為利也。「爭地則無攻」者，不當攻也，當先至以為利也。「交地則無絕」者，往來交通，不可以兵阻絕其路，當以奇伏勝也。「衢地則合交」者，諸侯三屬，其道四通我與敵相當，而傍有他國，必先重幣輕使、約和旁國、交親結恩，彼失其黨、諸國犄角，敵人莫當也。「重地則掠」者，因糧於敵也。凡居重地，士卒輕勇、轉輸不通，則掠以繼食也。然近時學說恆以征發為行軍要素，定以軍用價目，招致商賈，則四民不擾、阻力潛消，而在敵地尤為緊要。若肆行抄掠，則商賈裹足，是自絕其糧道也。此古法之不可行者也。「圮地則行」者，難行之地，不可稽留也。「圍地則謀」者，險阻之地，與敵相持，當用奇險詭譎之謀，方可以免難也。「死地則戰」者，敵人大至、圍我數重，欲突以出，四塞不通、唯有深溝高壘，安靜勿動，告令三軍，示不得已，絕去生念、砥甲礪刃，並氣一力、死中求生，人人自戰也。此一節備論九地與戰鬥之原則，示為將者遇此種戰況，當顧慮地形，而不可誤其原則也。

所謂古之善用兵者，能使敵人前後不相及，眾寡不相恃，貴賤不相救，上下不相扶，卒離而不集，兵合而不齊。合於利而動，不合於利而止。敢問：「敵眾整而將來，待之若何？」曰：「先奪其所愛，則聽矣。」兵之情主速，乘人之不及，由不虞之道，攻其所不戒也。

右第四節論戰鬥開始時，運籌決勝之經過也。言為將者，能顧慮九地之種種危險，而籌運於中，能使敵人不相及、不相恃、不相救、不相扶、不集、不齊，則必能合於利而勝矣；即令敵眾整而來攻，而我復占先制之利，奪其所愛，乘其不及、擊其不虞、攻其不戒，亦可以決勝矣；此一節之大旨也。「不相及」者，設奇伏以沖掩之，前後不相顧也。「不相恃」者，敵情驚撓也。「離而不集，合而不齊」者，多設疑事，聲東擊西，使其上下驚擾，離而不能合，雖合亦不能齊也。「合於利而動，不合於利則止」者，言雖能使敵若此，然亦須有利則動、無利則止也。假如眾敵整而來攻，則必先將所恃之利而奪之，或據其便地，或略其田野，或利其糧道，自然進退聽命於我矣。總而言之，兵情主速；敵人有不及、不虞、不戒之便，則須速進，不可遲疑也。此一節言用兵要旨，宜先宜速。戰鬥開始時，運籌帷幄之中，苟能避去九地之種種危險，而能占先制之利，以神速為主，必能決勝於千里之外也。

凡為客之道：深入則專，主人不克；掠於饒野，三軍足食；謹養而勿勞，並氣積力；運兵計謀，為不可測。投之無所往，死且不北。死焉不得，士人盡力。兵士甚陷則不懼，無所往則固，深入則拘，不得已則鬥。是故其兵不修而戒，不求而得，不約而親，不令而信，禁祥去疑，至死無所之。吾士無餘財，非惡貨也；無餘命，非惡壽也。令發之日，士卒坐者涕沾襟，偃臥者涕交頤，投之無所往者，諸、劌之勇也。故善用兵，譬如率然。率然者，常山之蛇也。擊其首則尾至，擊其尾則首至，擊其中則首尾俱至。敢問：「兵可使如率然乎？」曰：「可。」夫吳人與越人相惡也，當其同舟而濟，遇風，其相救也如左右手。是故方馬埋輪，未足恃也；齊勇若一，政之道也；剛柔皆得，地之理也。故善用兵者，攜手若使一人，不得已也。將軍之事，靜以幽，正以治。能愚士卒之耳目，使之無知；易其事，革其謀，使人無識；易其居，迂其途，使人不得慮。帥與之期，如登高而去其梯；帥與之深入諸侯之地，而發其機，焚舟破釜，若驅群羊，驅而往，驅而來，莫知所之。聚三軍之眾，投之於險，此謂將軍之事也。

右第五節論決勝後深入決死之經過也。戰鬥既得勝利，自以深入決死為要素，故此節之首即標明「深入則專」四字。以下所論，皆深入決死時之決心、處置、理由，以及將軍之心得也。宜分四段讀之。

◆ (甲) 決心

「為客之道：深入則專，主人不克」者，使主人不能御也。

◆ (乙) 處置

「掠於饒野，三軍足食」者，此給養之處置也。

「謹養而勿勞，並氣積力；運兵計謀，為不可測」，所謂氣盛力積，加以謀慮，不使敵測也，此攻勢防禦之處置也。

「投之無所往，死且不北」者，雖死不敗也；「死焉不得，士人盡力」者，人在死地，不得不盡力也：此攻擊之處置也。

## (丙) 理由

「兵士甚陷則不懼」者，三軍同心，則不懼也；「無所往則固」者，無生路則固也；深入無所適，則如拘繫也，不得已，則必須力鬥也：此決死之理由也。

不待修整而自戒懼，不待收索而自得於心，不待約令而自親信，禁妖祥之言，去疑惑之計，至死無有異志，此死中求生之理由也。吾士不顧財貨，非惡財之多也，不苟全性命，非惡壽之多也；令發之日，士卒坐臥，未嘗不涕泣漣洏，然而投之無所往，則人人肯有諸、劌之勇，如常山之蛇，首尾相應，如吳越同舟，左右相救，此人情樂生惡死之理由也。

總此以上各種理由，簡練以為揣摩，皆將軍之要務，故下文即論將軍之心得。

## ◆(丁)將軍之心得

「方馬」者，縛馬之足以為固也；「埋輪」者，埋車之輪，示以不動也。然而未足恃也。何也？不足以維繫軍心也。欲維繫軍心，必以軍政統一為主。統一之效有三：一曰齊正勇敢，三軍如一，此軍政一律整飭也；二曰三軍強弱，皆成一勢，此地形兵器一律利用也；三曰指揮三軍，如牽一夫之手，此命令一律服從也。此三者軍政統一之效也。所以為將軍者，必靜，靜則不撓也，必幽，幽則不測也，必正，正則不偷也，必治，治則不亂也，此將軍治己之學也；而其治人之學，則在愚士卒之耳目，使之但知服從命令，其他不使之知也。己行之事，有當易者，己施之謀，有當革者，但使軍士服從其命令，不可使之識其理由也。更其所安之居，迂其所趨之途，亦但使軍士服從其命令，不令使之知其情也。帥與之臨陣之期，命令所示，往登高而去梯，可進不可退也。帥與之深入敵地，命令既發，如省括而發機，可往而不可返也。焚舟破釜，示以必死，命令唯行，若驅群羊往來，不能使之知攻取之端也。總而言之，無非聚三軍之眾，而投之於險，使由之而不使知之，此將軍之心得也。此一節皆決勝以後，深入敵地決死之經過，分此四端讀之則條理秩然矣。

九地之變，屈伸之利，人情之理，不可不察。凡為客之道，深則專，淺則散。去國越境而師者，絕地也；四達者，衢地也；入深者，重地也；入淺者，輕地也；背固前隘者，圍地也；無所往者，死地也。是故散地，吾將一其志；輕地，吾將使之屬；爭地，吾將趨其後；交地，吾將謹其守；衢地，吾將固其結；重地，吾將繼其食；圮地，吾將進其途；圍地，吾將塞其闕；死地，吾將示之以不活。故兵之情，圍則御，不得已則鬥，過則從。

右第六節因上文專論深入則專，故此節論深入決死之時，尤必兼顧九地之變，而設其備，庶乎可以死中求生也。故就第三節九地之作用，而申言其種種變通利用之方，其大旨亦不外乎屈伸之利、人情之理而已。第五節言為客之道，於死中求生，仍在深明九地之變，故此又列舉九地之變也。蓋以九地有可屈可伸之常理，不可不察也。深入則專固，淺入則散歸，此人情之常理。行軍作戰，不盡在散地也。但使去國越境而師，則入絕地矣。絕地不列入九地之內者，因九地之法皆有變，而絕地無變，故論之於九地之外，而九地之中，不列其數也。遇四達之衢，則衢地矣。深入乎敵境，則入重地矣。淺入乎敵境，則入輕地矣。遇背固前隘之地，則入圍地矣。左右前後，窮無所之，則入死地矣。其不言爭地、交地、圮地者，舉此可以隅反也。然則入此種九地，苟不臨機應變而設之備，則死中不能求生矣。故遇散地，則當齊一士卒之心志。遇輕地，則當使士卒相聯屬以備不虞。遇爭地，則當疾趨敵人之後；因敵向我爭利，其後必虛，趨其後，則彼必還救，而所爭者為我所得矣。遇交地，則謹守，懼襲我也。遇衢地，則結交諸侯，使之牢固以助我也。遇重地，則當繼其糧食，不可使絕也。遇圮地，則當疾過而去不可留也。遇圍地，則當塞其闕，示以不欲走之意，因敵人圍師必闕也。

遇死地，則當示以不活者，示之必死，令其自奮以求生也。此皆因九地之變，示以死中求生之方，其大旨亦不外乎屈伸之利、人情之理而已。所以為將軍者，必深知兵之情。然則兵之情如何？簡而言之曰：兵在圍地，則同心守禦；不得已，則悉力而鬥；陷之於過甚之地，則所謀無不從也。此一節為死中求生之道，特申言九地之作用，而示人以種種設備之方也。

是故不知諸侯之謀者，不能預交；不知山林、險阻、沮澤之形者，不能行軍；不用鄉導，不能得地利。四五者不知一，（按：諸家於「四五者」三字均無所發明，而曹公、張預均謂「四五」為九地之利，以四加五為九。然古人文字向無此體例，且近於兒戲，不可從也。考明人茅元儀《孫子兵訣評》作「此三者」，可見「四五者」為「此三者」之訛，蓋傳寫時誤「此」為「四」、誤「三」為「五」，篆書形體相近；所謂「三者」，即上文預交、行軍、地利三句。其說良是。《行軍篇》「井生葭葦」，諸家皆以「井」為「並」字之訛，其說亦猶是也。）非霸王之兵也。夫霸王之兵，伐大國，則其眾不得聚；威加於敵，則其交不得合。是故不爭天下之交，不養天下之權，信己之私，威加於敵，故其城可拔，其國可隳。施無法之賞，懸無政之令，犯三軍之眾，若使一人。犯之以事，勿告以言；犯之以利，勿告以害。投之亡地然後存，陷之死地然後生。夫眾陷於害，然後能為勝敗。故為兵之勢，在於順詳敵之意，並敵一向，千里殺將，是謂巧能成事者也。

右第七節論戰鬥終結之總計劃，一言以蔽之曰：巧能成事而已。《軍爭篇》已言不知諸侯之謀者不能預交、不知山林險阻沮澤之形者不能行軍、不用鄉導者不能得地利，而此復言之者，意謂欲以巧成事者，仍必以此三者為先務。預交者，即《謀攻篇》之要旨。行軍者，即《行軍篇》之要旨。得地利者，即《地形篇》之要旨也。此三者有一不知，則必敗矣，故曰非霸王之兵也。「眾不得聚」者，能知敵謀，能得地利，使之不相救、不相恃，則雖大國之眾，不能聚矣。此即《謀攻篇》之所謂伐謀也。「威加於敵」，則旁國懼，而交不得合也，此即《謀攻篇》之所謂伐交也，此對於大國而言之也。「不爭天下之交」者，絕天下之交也；「不養天下之權」者，奪天下之權也：亦伐謀伐交之謂也。伸己之威，拔其城、隳其國，即伐兵攻城之謂也，此對於列國而言也。「施無法之賞，懸無政之令」者，拔城隳國之時，賞罰威令，均宜不守常法常政，故日無法無政也。此二者，警急時之軍法軍政也。「犯三軍之眾，若使一人」者，賞罰明則用多如用寡也，即上文「齊勇若一」、「剛柔皆得」、「攜手若使一人」之謂也。「犯之以事，勿告以言」者，但用以戰，不告以謀也。「犯之以利，勿告以害」者，但用之於利，不令知害也。此二者，即上文「使之無知」、「使人無識」、「使人不得慮」之謂也。「投之亡地然後存，陷之死地然後生。眾陷於害，然後能為勝敗」，此即上文「投之無所往」、「死且不北」、「死焉不得」、「士人盡力」之謂也。「順詳敵之意」者，(「詳」，佯也。)佯怯、佯弱、佯亂、佯北，以誘敵人，即《計篇》之詭道也。「並敵一向，千里殺將」者，言用兵者能完全以上之種種計劃，則可以並兵向敵，雖千里能擒其將也，此所謂霸王之兵也。然此種計劃，仍不外乎以上十餘篇之原則。總而言之，唯巧用之乃能成事。故以此一節，為戰鬥終結之總計劃也。

是故政舉之日，夷關折符，無通其使，勵於廊廟之上，以誅其事。敵人開闔，必亟入之。先其所愛，微與之期。踐墨隨敵，以決戰事。是故始如處女，敵人開戶；後如脫兔，敵不及拒。

右第八節總論戰鬥開始、戰鬥決死、戰鬥終結三時期之綱要也。當戰鬥開始之時，一則當夷關拆符、無通其使，若今交戰國宣戰後，則公使下旗回國之例也；二則當勵於廊廟之上，以誅其事。誅者，治也，即《計篇》所謂妙算也。磨勵妙勝之策，以責成其事也。當戰鬥決死之時，一則當乘敵人有間隙之時而急入之，此即詭道之所謂「攻其無備，出其不意」也；二則當先奪敵人所愛利便之處，而微露師期、使間歸告，然後我後人發、先人至，使誤其期也，即《軍爭篇》之「以迂為直」之義也。當戰鬥終結之時，則當踐履戰鬥之規矩繩墨，隨敵之形，而與之決戰，即上文「善用兵者如率然」之謂也。此一節即發明上文「巧能成事」之總綱，仍當於此三時之間深致意也。末復以處女、脫兔二者，極力形容「巧」字之義。「始如處女」者，即《形篇》「善守者，藏於九地之下」之義也。後如「脫兔者」，即「善攻者，動於九天之上」之義也。「敵人開戶」者，無備也。「敵不及拒」者，攻其無備、出其不意也。此皆形容「巧能成事」之「巧」也。學者苟能於戰鬥開始、戰鬥決死、戰鬥終結之三時期，神明於九地之變而利用之，即霸王之兵也。

# 火攻篇第十二

## 論火攻之計劃

王晳曰：「助兵取勝，戒虛發也。」

此一篇論以火力補助兵力之不及，而深戒後世之濫用火攻也。蓋以兵凶戰危，而火攻則尤為危險，故此篇三致意焉，仁將之用心也。宜分四節讀之。第一節自首至「火隊」，言火攻之種類也。第二節自「行火必有因」至「風起之日」，言火攻之預備也。第三節自「凡火攻」至「不可以奪」，論火攻之原則，勝於水攻也。第四節自「戰勝攻取」至末，論火攻不可濫用，此即首篇五校之仁也。能如此，庶乎可以安國全軍矣。

孫子曰：凡火攻有五，一曰火人，二曰火積，三曰火輜，四曰火庫，五曰火隊。

右第一節言火攻之名稱也。此五「火」字之義，均系動詞，如韓文「火其書」之「火」也。「火人」者，焚其營柵，因燒兵士也。「火積」者，燒其積蓄也。「火輜」者，燒其輜重也。「火庫」者，燒其兵庫也。「火隊」者，臨戰之時，以火炮、火車、火牛、火燕之類，燒其隊伍也。此五種之名稱也。

行火必有因，煙火必素具。發火有時，起火有日。時者，天之燥也；日者，宿在箕、壁、翼、軫也，凡此四宿者，風起之日也。

右第二節言火攻之預備也。「因」者，或因奸人，或因居近草莽也。「煙火必素具」者，貯火之器，燃火之物，常須預備也。「時」者，天時旱燥，則火易燃也。「日」者，風起之日，以月之躔度，行八箕壁軫翼之次，則必有風也，此天文之學，即五校之所謂「天」也。諸家有指為迷信者，謬也。此一節凡欲用火攻者，所當預籌也。

凡火攻，必因五火之變而應之。火發於內，則早應之於外。火發而其兵靜者，待而勿攻。極其火力，可從而從之，不可從而止。火可發於外，無待於內，以時發之。火發上風，無攻下風。晝風久，夜風止。凡軍必知有五火之變，以數守之。故以火佐攻者明，以水佐攻者強。水可以絕，不可以奪。

右第三節論火攻之原則，而其效果勝於水也。凡火攻者，必因五火之變，而以兵應之。然應之之法，亦有五種原則，不可不知也。一曰火發於內，則速以兵應之於外，若遲則無益也。二曰火發而敵不動，必有備也，不可遽以兵攻之，須待其變也。三曰極其火勢待其變，則攻，不變則勿攻也。四曰火可以發於外之時，即應時機而發之，即上文之「日時「也。五曰發火須審量上風下風、晝風夜風。發於上風，即不可攻其下風，因敵在下風，燒之必退，若從而攻之，則我亦在下風矣，必為所害也，擊其左右可也。晝風久則可用火攻，夜風則止、不可用火攻，恐敵有伏兵，而反為其所敗也。此五者皆發火之原則也。然用兵者尤必當知五火之變，不可止知以火攻人，亦當防人之以火攻我，當知日時、晝夜、風向之數，而謹守之也。然亦間有用水攻者，火攻明白易勝，故曰以火佐攻者明也，水攻勢力強大，故曰以水佐攻者強也。然以水火兩相比較，則水不過可以絕敵道、分敵軍，而不可以奪敵蓄積，不若火之可以絕之，又可以奪之，可見火攻優於水攻也。此一節皆火攻之原則，較水攻尤勝也。

夫戰勝攻取，而不修其功者，凶，命曰「費留」。故曰：明主慮之，良將修之。非利不動，非得不用，非危不戰。主不可以怒而興師，將不可以慍而致戰。

合於利而動，不合於利而止。怒可以復喜，慍可以復悅，亡國不可以復存，死者不可以復生。故明君慎之，良將警之，此安國全軍之道也。

右第四節言火攻者為害最烈，明君良將不得已而用之者也，假令窮兵黷武，恐有自焚之禍。「修」者，戢也，勝而不極之意。諸家皆訓「修其功」為「行其賞」，與上下文皆不相屬，且失孫子以仁治兵之要旨，不可從也。此節大旨，以為戰既勝、攻既取，即當自戢其功，不然，則凶之道也。其名為耗費財用、淹留士眾，國患將由此而起，是故明君必憂慮之，良將必安戢之，不肯為窮兵黷武之事。蓋火攻為害甚烈，萬不得已而後用之。一用之後，豈可復言兵乎！是以明君良將非有利而萬無一害，則不動火攻，非有得而萬無一失，則不用火攻，非危急存亡之秋，則不以火攻助戰。主不可以怒而興火攻之師，將不可以慍而致火攻之戰。必合於利而始動火攻，不合於利則不用火攻，恐其反有害也。此二語曾見於《九地篇》，然彼乃論九地之利，此乃言火攻之利；說者以為重出，非也。總而言之，火攻之利害如此，其所以然者，因人心怨怒之氣，有時而平，而亡國喪師，悔將無及。故日明主因火攻而加慎，良將因火攻而致警，然後可謂安國全師之道也。孫子於《九地篇》，雖深入死地，而其機變活轉，絕無危詞，獨於火攻則深以為戒，豈非惡其慘、畏其危，而言之慎歟！吾故日此仁將之言也。

# 用間篇第十三

## 論妙算之作用

曹公曰：「戰者必用間諜，以知敵之情實也。」

此一篇發明《計篇》妙算之作用，為明君賢將之專責，非他人所能知也。蓋《孫子》十三篇綱舉目張，首尾連貫，其總綱均揭於《計篇》，而以次各篇則依次而發明之。《計篇》以妙算終，故十三篇以用間終也，以「仁」字為一篇之主腦，而其所最注意之點，曰親也、厚也、密也，皆為用間者之根本問題，可謂仁將之言也。宜分五節讀之。第一節自首至「知敵之情」，言用間之理由及其效果。言為將者必先知敵情，非以仁道待人，則絕不能得人而用間也。第二節自「用間有五」至「反報也」，言間之種類及性質也。第三節自「三軍之事」至「皆死」，言間之精義也。第四節自「凡軍之所欲」至「不可不厚」，言用間之方法也。第五節自「殷之興也」至末，極言古之成大功者，無非得力於間，特引史事以證之，此其所以為神紀也。

孫子曰：凡興師十萬，出兵千里，百姓之費，公家之奉，日費千金；內外騷動，怠於道路，不得操事者七十萬家。相守數年，以爭一日之勝，而愛爵祿百金，不知敵之情者，不仁之至也，非人之將也，非主之佐也，非勝之主也。故明君賢將，所以動而勝人，成功出於眾者，先知也。先知者，不可取於鬼神，不可像於事，不可驗於度，必取於人，知敵之情者也。

右第一節論用間之理由及其效果。因行軍作戰，必先知敵情，乃能制勝。然欲知敵情，必先得人以偵探其敵情，此間之所以為用兵之要。而為將者、為佐者、為主者，絕不可愛惜爵祿百金以節省偵探之經費也。蓋爵祿百金，與公家之奉日費千金、百姓之費七十萬家，兩相比較，其細已甚。而知敵情，則能成大功，不知敵情，則國破家亡。苟愛惜此爵祿百金，而甘於國破家亡，豈非不仁之甚哉！況乎值探之費用，不可以預算、不可以決算、不可以付審計、不可以索證據，假令為將者既欲用間諜，而又欲綜核名實，疑其不實不盡，則為間者方救過之不暇，安得偵探敵人之真情哉？如此者無以名之，名之曰「不仁」而已矣。將而不仁，則非人之將也。佐而不仁，則非主之佐也。主而不仁，則非制勝之主也。唯明君賢將不吝小費、多養間諜、廣其耳目，故能預知敵情，不動則已、動則勝人，功業卓然、超絕群眾也，其效果可立而待也。故取於鬼神、卜筮、禱祝以求之者，不可謂先知也。以他事比類而求之者，不可謂先知也。以天象度數、地圖比例推驗而知之者，不可謂先知也。必取於人之心理，以我之心理度敵之心理，而後可以知之也。孫子當日深惡用兵者之涉於迷信，所以為此言以力辟奇門遁甲、孤虛旺相、風雲占驗之種種謬妄，而以取於人心為先知之祕訣也。為此道者，非仁何日哉？

故用間有五：有因間，有內間，有反間，有死間，有生間。五間俱起，莫知其道，是謂神紀，人君之寶也。因間者，因其鄉人而用之；內間者，因其官人而用之；反間者，因其敵間而用之；死間者，為誑事於外，令吾間知之，而傳於敵間；生間者，反報也。

右第二節言間之種類及其性質也。「因間」者，因敵之鄉國之人，知敵之表裡虛實，故厚撫而用之也。「內間」者，因敵之官人有賢而失職者、有過而披刑者、亦有寵嬖而貪財者、有屈在下位者、有不得任使者、有欲因喪敗以求展己之材能者、有翻雲覆雨常持兩端之心者，如此之官，皆可以潛通問遺、厚贶金帛而結之，因求其國中之情、察其謀我之事，復間其君臣使不和也。「反間」者，敵使間來視我，我若知之則因厚賂而誘之，或佯為不知而示以偽情，使為我間也。「死間」者，作誑詐之事於外、佯漏泄之，使吾間至敵中、為敵所得，必以誑事輸敵，敵從而備之，而吾之所行不然，則間必死矣；或欲殺敵之賢能，乃令死士持虛偽以赴之，吾間至敵、為敵所得，彼以誑事為實，必俱殺之也。「生間」者，選擇己之有賢才智慧者，通於敵之親貴，察其動靜虛實，還以報我也。此一節列舉其種類性質，示人以相機而用之也。大抵因間者，鄉間也，合有政治偵探之性質；反間者，合有人才偵探之性質；生間者，含有外交偵探之性質，客卿之類是也；死間者，含有國賊偵探之性質，因國賊恆以祖國祕密漏泄於外，故特為誑事以使敵人殺之也。五間之中其四種皆所以對外，唯死間正所以對內也。

故三軍之親，莫親於間，賞莫厚於間，事莫密於間。非聖智不能用間，非仁義不能使間，非微妙不能得間之實。微哉微哉，無所不用間也！間事未發而先聞者，間與所告者皆死。

右第三節言間之精義，以親之、厚之、密之三者，為用間之根本。親之者，受辭指縱，在於以腹心親結之也。厚之者，厚賞之，賴其用，非高爵厚祿不能使間也。密者，幾事不密則害成也。此三者，唯聖智之人乃能用之，聖則事無不通，智則燭照幾先也。唯仁義之人乃能使之，仁者有恩以及人，義者得宜而制事。主將既能仁結而義使，則間者盡心而覘察、樂為我用也。唯微妙之人乃能得間之實，我用間以間敵，且恐敵亦因我之間而間我，故用心淵妙，乃能知其虛實也。蓋用間之法，微之又微，假如間事未發，而軍中有以間事相告語者，彼此皆斬之。殺間者，惡其泄也；殺告者，以滅口恐其不密也。此一節以親之、厚之、密之為用間之精義也。

凡軍之所欲擊，城之所欲攻，人之所欲殺，必先知其守將、左右、謁者、門者、舍人之姓名，令吾間必索知之。必索敵人之間來間我者，因而利之，導而舍之，故反間可得而用也。因是而知之，故鄉間、內間可得而使也；因是而知之，故死間為誑事，可使告敵；因是而知之，故生間可使如期。五間之事，主必知之，知之必在於反間，故反間不可不厚也。

右第四節言用間之方法也。五間之始，皆因緣於反間，故待反間不可不厚也。反間之用法，當從兩方面觀之。一方面當預知敵人內部人物之姓名，以通消息也；一方面當利誘敵人所派來之使者示之以誑事，使之歸報其主而失其信用也。此二者系以敵人間敵人，故曰反間可得而使也。因此反間，故敵之鄉人可使之為鄉間，敵之官人可使之為內間，我之亡命可使之為死間以誤敵，我之賢達可使之為生間以覘敵也。然利用五間之方法，為主者必深知之。而反間尤為五間之本，故凡必厚其祿、豐其財以優待之，使其為我用也。

昔殷之興也，伊摯在夏；周之興也，呂牙在殷。故唯明君賢將，能以上智為間者，必成大功。此兵之要，三軍之所恃而動也。

右第五節總論間之可以興國，舉伊摯、呂牙以為例。蓋伊摯者，夏之官人也，而成功於殷；呂牙者，殷之官人也，而成功於周；殆有似乎內間也。伊尹五就湯桀，呂牙博聞嘗事紂，紂無道，遂去而遊說於諸侯之間，亦有似乎生間也。然伊之仕夏之年，呂之事殷之日，豈不欲化桀紂為堯舜，撥亂世為太平？徒以綱紀廢弛、道德淪替，而伊呂當日，位卑不敢言高、越職不能言事，不得不高蹈遠引、長與世辭。初何曾有佐命新朝之思想哉？洎乎湯武革命，應天順人，以伊呂周知先朝掌故、人民利弊、政治得失，始以安車蒲輪、玄纁加璧，起於耕釣之中，置之廊廟之上。然則謂伊呂為行義達道計，欲出斯民於水火而登衽席，則可也；若謂伊呂為湯武間諜，刺探桀紂之不法行為，以為湯武革命之準備，則亦不以人道待伊呂矣。大抵易姓改玉之際，賢豪長者，恆伏處於山林草澤之中，以靜觀世變之所極，擇木而棲，相時而動。當時苟無湯武，則伊呂亦不過與老農老漁，長此終古而已。隱綿之士，又焉用文抱璞之人，夫豈求售也哉？幸有湯武，以悲天憫人之心，行除暴安良之政，放南巢而不聞有慚德、誅獨夫而不得謂之弒君，宜乎雲龍風虎蔚文彩於新朝，販負屠沽炳勛業於來祀。假如以委贄之年，即存間諜之意，則君子謂之不忠，後人論其無恥，又安足貴也？鄭友賢氏謂伊呂假道濟權、無害於聖人之德，未免失之附會。趙虛舟氏謂孫子以反間待聖人，亦未免失之周內。總而言之，伊呂在殷周之際，備知天下古今治亂興亡之道，而不得行其志，則干莫之光，徹乎霄漢，珠玉之氣，媚乎山川，有自來矣。加以湯武求賢若渴、從善如流，魚水君臣、金石契合，自然知無不言、言無不盡。夫豈間哉！夫豈間哉！孫子引用二公，意者殆欲重視間諜之人格，以為湯非伊無以知桀之失德、武非呂無以知紂之失德，一旦湯武成功，即舉一切弊政而革除之，實賴伊呂先知之力。故雖當時不得謂之間，後世不能指為間，然自兵家學理而觀之，亦可作上智之間觀也，於孫子又何所詬病哉！

電子書購買
爽讀 APP

國家圖書館出版品預行編目資料

孫子淺說：蔣百里談《孫子兵法》的現代策略與智慧 / 蔣百里 著 . -- 第一版 . -- 臺北市：複刻文化事業有限公司 , 2023.12
面；　公分
POD 版
ISBN 978-626-7403-14-3( 平裝 )
1.CST: 孫子兵法 2.CST: 研究考訂 3.CST: 謀略
592.092　112018219

**孫子淺說：蔣百里談《孫子兵法》的現代策略與智慧**

臉書

**作　　者**：蔣百里
**發 行 人**：黃振庭
**出 版 者**：複刻文化事業有限公司
**發 行 者**：複刻文化事業有限公司
**E-mail**：sonbookservice@gmail.com
**粉 絲 頁**：https://www.facebook.com/sonbookss/
**網　　址**：https://sonbook.net/
**地　　址**：台北市中正區重慶南路一段六十一號八樓 815 室
Rm. 815, 8F., No.61, Sec. 1, Chongqing S. Rd., Zhongzheng Dist., Taipei City 100, Taiwan
**電　　話**：(02) 2370-3310　　**傳　　真**：(02) 2388-1990
**印　　刷**：京峯數位服務有限公司
**律師顧問**：廣華律師事務所 張珮琦律師
**定　　價**：250 元
**發行日期**：2023 年 12 月第一版
◎本書以 POD 印製